L'ART DES JARDINS

HISTOIRE — THÉORIE — PRATIQUE

DE LA

CRÉATION DES PARCS ET DES JARDINS

PAR

LE BARON ERNOUF

DEUXIÈME ÉDITION

Ornée de 150 Gravures

TOME II

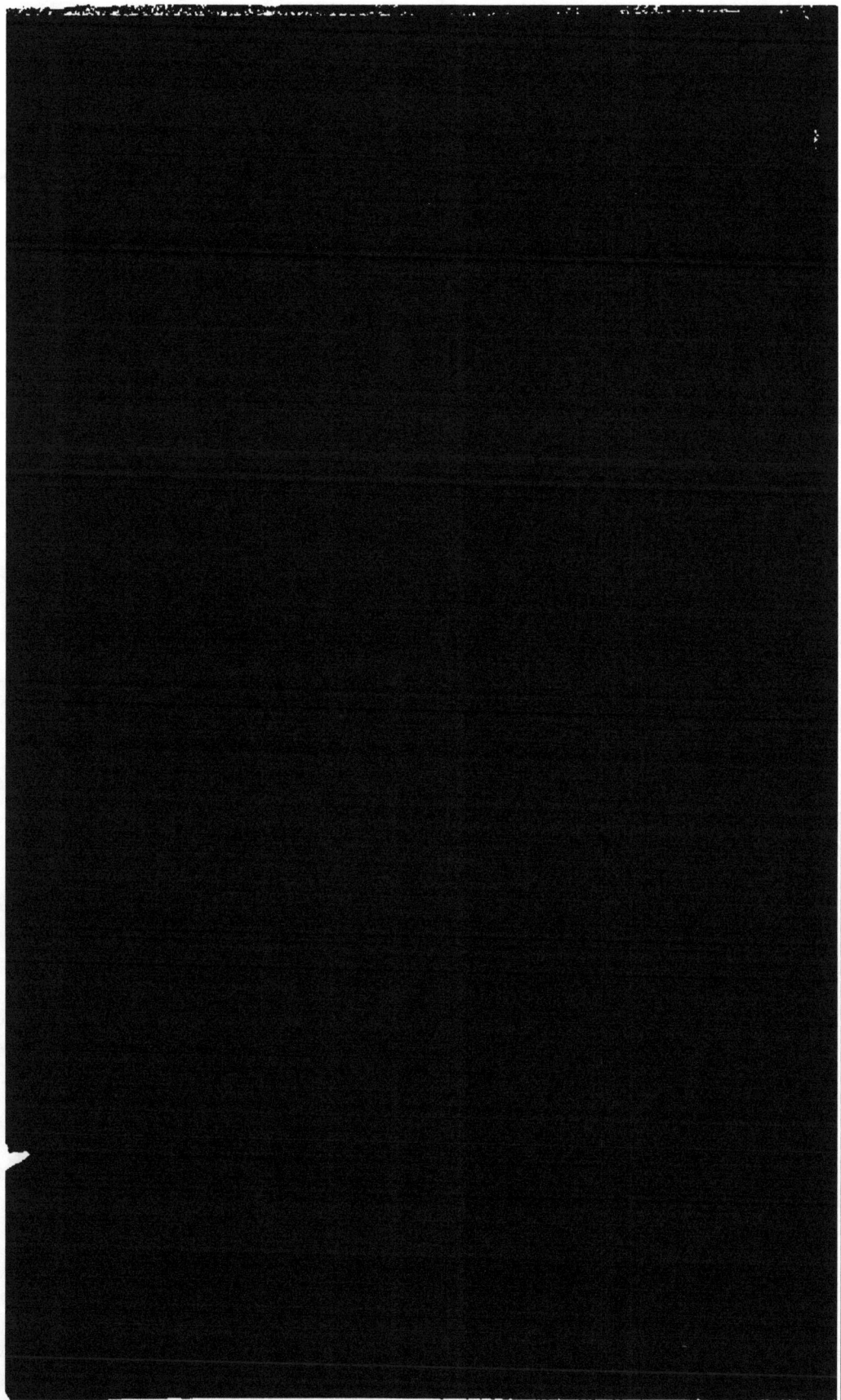

S

BIBLIOTHÈQUE ILLUSTRÉE D'HORTICULTURE

examinée et honorée
de Souscriptions de LL. Excellences MM. les Ministres de l'Agriculture,
de l'Instruction publique (pour les Bibliothèques scolaires), de la Société
Franklin, etc., etc.

L'ART
DES JARDINS

TOME SECOND

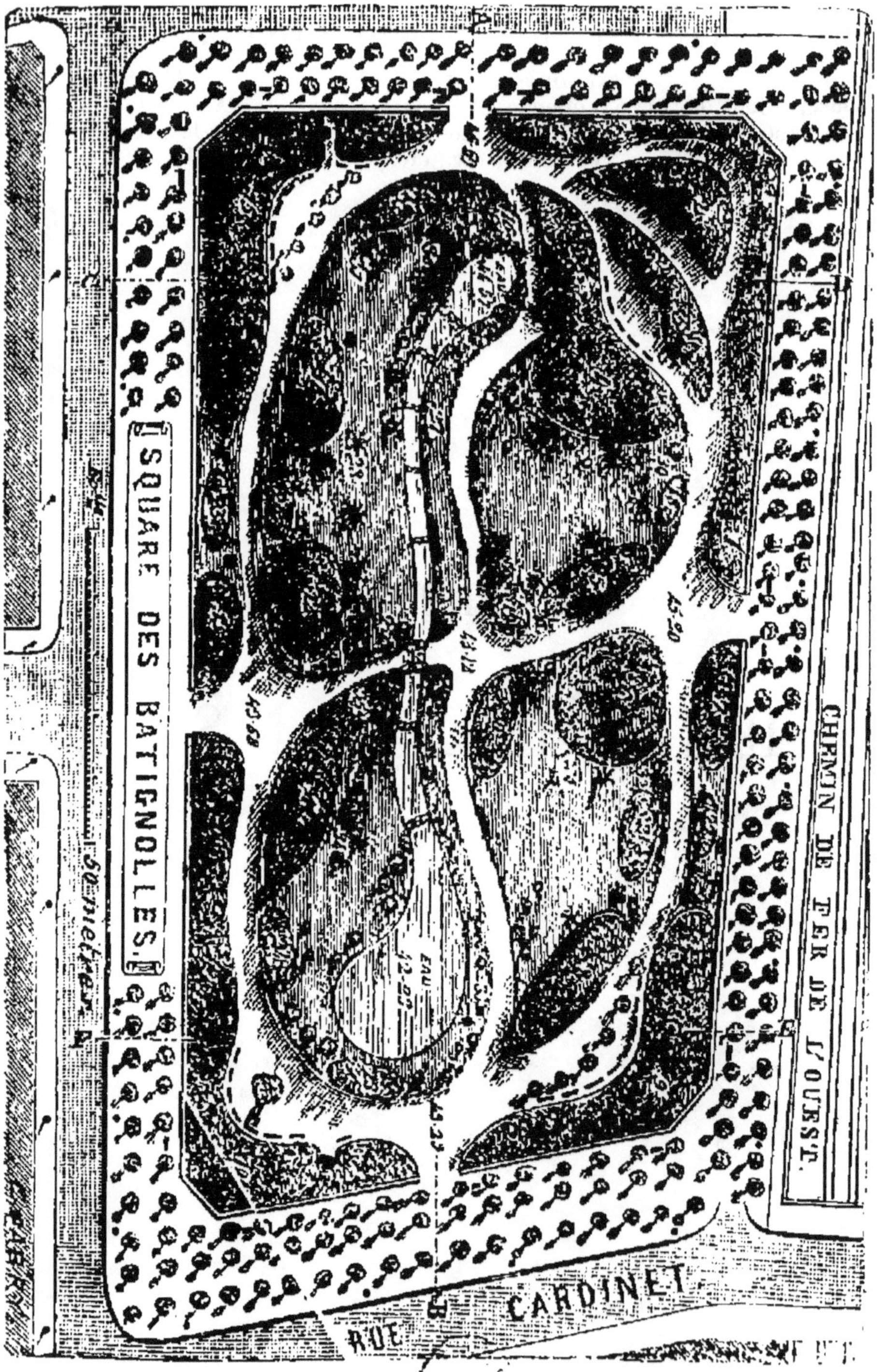

SQUARE DES BATIGNOLLES (*Voir page* 230)

L'ART

DES JARDINS

HISTOIRE — THÉORIE — PRATIQUE

DE LA COMPOSITION

DES

JARDINS — PARCS — SQUARES

PAR LE BARON ERNOUF

Orné de plus de 150 Gravures sur Bois

REPRÉSENTANT

DE NOMBREUX PLANS DE JARDINS ET PARCS ANCIENS ET MODERNES, KIOSQUES, MAISONS D'HABITATION, PONTS, TRACÉS, DÉTAILS PITTORESQUES, ACCIDENTS DE TERRAINS, ARBRES, EFFETS D'ARBRES, PLANTES ORNEMENTALES, ETC.

Augmenté des plus jolis Squares de la Ville de Paris, avec la disposition des plantes et des créations les plus réussies de MM. le Comte Choulot, Barillier-Deschamps, Lambert, Duvillers, Siebeck, Mayer, Kemp, Neumann, Hirschfeld, etc.

A l'usage des Amateurs, Jardiniers-Paysagistes, Ingénieurs, Architectes, Instituteurs primaires, etc., etc.

DEUXIÈME ÉDITION

TOME SECOND

Histoire — Parcs français et étrangers — Squares et Promenades publiques — Décoration des Parcs et des Squares

PARIS

J. ROTHSCHILD, ÉDITEUR

LIBRAIRE DE LA SOCIÉTÉ BOTANIQUE DE FRANCE

13, RUE DES SAINTS-PÈRES, 13

1872

Paris. — J. Claye, imprimeur.

AVANT-PROPOS

Ce modeste essai, consacré spécialement aux applications de l'*art des jardins* dans de vastes espaces, est divisé en trois parties :

La première est un résumé historique des travaux les plus mémorables accomplis dans ce genre, depuis l'antiquité jusqu'à nos jours. Dans cette analyse, nécessairement sommaire, nous avons tâché de ne négliger aucune des indications les plus curieuses, de celles surtout dont il pouvait ressortir quelqu'enseignement utile dans la pratique actuelle.

Nous nous sommes efforcé principalement d'apprécier avec une entière impartialité la grande révolution horticole du siècle dernier.

Sous le titre de *Résumé didactique*, nous avons réuni, dans la seconde partie, ceux des préceptes de l'art des jardins qui ne conviennent que dans les grandes propriétés.

Enfin, la troisième partie traite des squares et promenades publiques.

Pour la rédaction de notre analyse historique, nous avons mis à profit les travaux des auteurs les plus estimés ; parmi les anciens, Chambers, Girardin, Morel, Whately, Repton, Hirschfeld ; parmi les modernes, Kemp, Siebeck, M. Intosh, etc. ; surtout l'excellent ouvrage de Mayer, auquel nous avons emprunté plusieurs plans. Nous n'avons oublié ni l'intéressant petit volume de M. A. Lefèvre sur les parcs et jardins, ni le grand et bel ouvrage que vient de publier sur le même sujet M. A. Mangin.

Pour la partie didactique, indépendamment des travaux de MM. Decaisne et Naudin, de Mayer, de Kemp, de Siebeck, nous avons mis à contribution ceux du prince Pückler-Muskau, du comte de Choulot et d'autres auteurs qui ont traité spécialement ce qui concerne les grands parcs.

Voulant donner une idée exacte et *pratique* des œuvres les plus récentes de la grande horticulture d'agrément, nous avons réuni dans un chapitre spécial celles de nos plus habiles artistes contemporains. M. Rivière, jardinier en chef du Luxembourg, a bien voulu nous donner la disposition des plantes ornementales dans le jardin du Luxembourg; plusieurs jardiniers- paysagistes nous ont confié des dessins de parcs importants qu'ils ont tracés, et dont ils ont dirigé l'exécution. Nous ne saurions trop les remercier de cette collaboration obligeante, qui augmente l'intérêt de notre publication et en garantit le succès.

Enfin, nous croyons devoir témoigner tout particulièrement notre reconnaissance à M. Alphand, directeur de la voie publique et des promenades de la ville de Paris, qui a bien voulu mettre à notre disposition deux plans d'un grand intérêt pour notre troisième partie, celle des squares. Nous avons indiqué dans notre livre plusieurs de ses préceptes sur les plantations, justifiés d'une façon irréfragable par l'expérience, et qui seront traités plus en détail dans le grand ouvrage dont cet ingénieur éminent, homme de goût autant que de savoir, vient de doter l'horticulture moderne.

Bon ERNOUF

PREMIÈRE PARTIE

GRANDS PARCS. — RÉSUMÉ HISTORIQUE.

La décoration des parcs et des jardins paysagers, ce luxe de l'agriculture, se rattache intimement au progrès de la civilisation. Les diverses révolutions que cet art a subies, depuis l'antiquité jusqu'à nos jours, coïncident d'une manière frappante avec la marche de l'esprit humain. Jadis, confiné dans les régions aristocratiques, ne se révélant qu'aux abords des plus somptueuses demeures, il n'existait, pour les masses, qu'à l'état de pressentiment confus. Comme elles, il s'est transformé en s'émancipant. Aujourd'hui, les plus humbles habitations ont droit à cette parure; un jardin paysager d'une étendue comparativement restreinte peut, s'il est composé avec goût, avoir sur des parcs fastueux une supériorité analogue à celle d'un bon tableau de chevalet sur une grande toile médiocre, ou d'une toilette élégante et simple sur le clinquant de la richesse mal employée. Ce n'est pas un art à dédaigner que celui qui met cet innocent triomphe à la portée des plus humbles fortunes, et touche, par tant de côtés, aux sciences les plus utiles, comme aux conceptions les plus poétiques. Nous avons pensé qu'une rapide esquisse de ses vicissitudes historiques et de sa situation actuelle, serait le complément indispensable des préceptes élémentaires contenus dans le précédent volume, et l'introduction obligée de ce qui nous reste à dire de spécial sur la composition des jardins d'agrément de différents styles, qui, par leur étendue, méritent le nom de parc.

Jardins de l'antiquité et du moyen âge. — « Quelle fut la composition, l'ornementation du premier jardin? Je le dirai à celui qui m'aura décrit ce qu'a pu être le premier tableau. » Ainsi s'exprimait judicieusement, à la fin du dernier siècle, le savant Hirschfeld, qui pourtant déployait tout aussitôt un grand luxe d'érudition historique et conjecturale sur les jardins de l'antiquité. Il n'omet aucun texte grec ni latin, et paraît fort humilié de ne pouvoir remonter au delà des fameux Jardins suspendus de Babylone, jardins qui, par parenthèse, pourraient bien avoir été moins merveilleux qu'on ne pense, puisque Hérodote n'en parle pas. Suivant les descriptions traditionnelles que Strabon, Diodore et Philon, nous ont laissées de ces jardins, ils formaient une sorte de petite forêt à vingt étages. La base était un quadrilatère régulier, dont chaque côté avait 120 mètres de long. Ces jardins renfermaient un choix précieux d'arbres, d'arbustes et de plantes indigènes ou exotiques, remarquables par la qualité de leurs fruits, la beauté de leur port, de leur feuillage ou de leurs fleurs. Ils étaient incessamment arrosés par les eaux de l'Euphrate qu'y déversaient, de la base au faîte, de gigantesques norias, dissimulées dans l'épaisseur des terrasses. On dit qu'il existe encore, sur l'emplacement présumé de ces jardins, un arbre, un seul, d'une apparence de vétusté extraordinaire. Suivant une tradition mahométane, cet arbre fut seul épargné dans l'anéantissement de Babylone et de toutes ses splendeurs, pour qu'Ali pût y attacher un cheval.

Il ne tenait pourtant qu'à Hirschfeld, apôtre fanatique du système irrégulier, de prendre son point de départ en plein paradis terrestre, et de trouver, comme Milton dans l'Eden biblique, le type du « jardin anglais. »

S'il est absolument impossible de déterminer l'époque où les hommes de l'âge héroïque songèrent à orner de plantations les abords de leur demeure, il ressort évidemment de la nature des choses et des plus anciens textes (notamment de la fameuse description des jardins d'Alcinoüs) qu'on dut premièrement songer à l'utile, et que les potagers et les vergers ont précédé les jardins de pur agrément. Il parait également certain que toutes les plantations autour des temples et des résidences royales affectèrent, dès le principe, des formes régulières. Partout, dans les civilisations anciennes, l'idée de dompter la nature a précédé celle de l'imiter. Pendant bien des siècles, l'homme n'a compris la possibilité d'embellir les alentours immédiats des habitations qu'en les marquant profondément de son empreinte. L'idée de se plier aux caprices de la nature, d'en reproduire et d'en concentrer les charmes dans des espaces restreints est une déduction toute moderne d'un sentiment des beautés de la nature livrée à elle-même, qui n'existait, dans l'antiquité classique, qu'à l'état d'impression religieuse ou de sensation indéfinie. Mais c'était là un ordre d'idées et de sentiments tout à fait à part, et qui n'exerça aucune influence sur la décoration des jardins cultivés. Les descriptions plus ou moins complètes des jardins orientaux, grecs et romains, qui sont parvenues jusqu'à nous, prouvent que la beauté pittoresque des sites et surtout l'étendue de l'horizon n'étaient pas sans doute indifférentes aux anciens pour déterminer l'emplacement de leurs villas de plaisance, mais qu'ils n'ont jamais envisagé les plus splendides panoramas d'eaux, de forêts ou de montagnes, que comme des cadres propres à faire ressortir l'œuvre de l'homme

Nous donnons ici, d'après Mayer, le plan d'un grand jardin d'un style oriental, d'un de ces lieux de délices auxquels s'appliquait le mot « paradis. »

Dans ce plan, les nos 1 à 4 sont des pyramides de fleurs; 5 et 6, deux fontaines, dont l'une à découvert devant le kiosque, l'autre au fond du jardin, ombragée par quatre platanes. Les nos 7 et 8 sont de grands parterres à compartiments, formant des parallélogrammes rectangles, dont les côtés les plus longs sont régulièrement plantés de grenadiers ou d'orangers. Ces deux parterres en encadrent un autre moins long, mais sensiblement plus large, coupé de diverses allées à angles droits. Les nos 10 à 13 figurent d'autres petits parterres, le no 14, celui qui entoure le kiosque. Une vaste plantation de cyprès ou d'autres

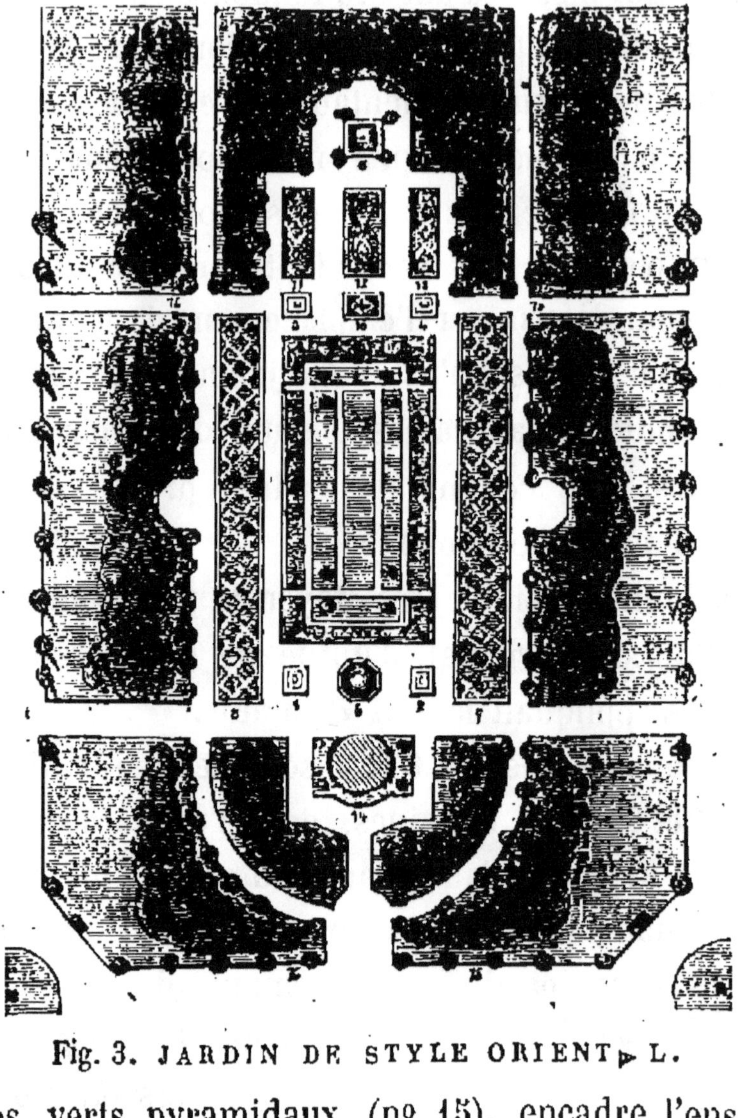

Fig. 3. JARDIN DE STYLE ORIENTAL.

arbres verts pyramidaux, (no 15), encadre l'ensemble du jardin. Le tout est clos par une sorte de fourré ou de haie naturelle composée de myrthes, de rosiers, de jasmins, et autres arbustes à fleurs odoriférantes.

L'art des jardins, ainsi compris, passa de l'Orient et de la Grèce à Rome conquérante, et prit, dès les derniers temps de la République, un développement qui s'accrut encore pendant la période prospère de l'empire. L'Italie, devenue la banlieue de la ville éternelle, subit une véritable transformation. Dans les parages les plus fertiles, les moissons firent place aux marbres, aux pelouses et aux avenues des villas. Les résidences d'Atticus, de Cicéron, d'Horace, celles même de Lucullus et de Catulle, furent éclipsées par les fastueuses créations contemporaines des Césars, par celles notamment qui peuplaient le littoral de Baïa, aujourd'hui jonché de ruines; site célèbre dont le charme, vainqueur de la destruction, justifie encore les prédilections de l'aristocratie romaine. Ce fut sous les règnes de Trajan et d'Adrien, que l'art d'édifier ces palais de campagne, moitié marbre et moitié verdure, fut porté au plus haut degré. Spartien, le biographe d'Adrien, nous a conservé le souvenir des magnificences de la villa de Tibur, où diverses inscriptions et imitations de monuments rappelaient les provinces et les lieux les plus célèbres de l'empire. On y retrouvait Canope, le Pœcile, l'Académie, la vallée de Tempé; les Enfers même n'étaient pas oubliés. L'auteur de la *Thébaïde* a célébré ces travaux dans son style emphatique, qui pourtant ne manque pas d'une certaine élégance. « Il y avait un mont, là où vous ne voyez plus qu'une surface plane; cet édifice où vous entrez, tient la place d'un bois inculte. En revanche, il n'y avait pas même de terre là-bas, où s'élèvent aujourd'hui ces bois ombreux. Le maître *de ce terrain l'a dompté;* qu'il lui plaise de former des éminences ou d'en abattre, la terre docile se plie et sourit à sa fantaisie. »

Mons erat hic, ubi plana vides; hæc lustra fuerunt,
Quæ nunc tecta subis; ubi nunc nemora ardua cernis,
Hic nec terra fuit. Domuit possessor, et illum
Formantem rupes, expugnantemque secuta
Gaudet humus.....

La conformité du style antique avec celui de Le Nôtre, ou style français, ressort d'une façon encore plus évidente de la description que Pline le jeune nous a laissée de ses villas, où nous retrouvons, comme à Versailles, les berceaux de charmilles, les longues allées plantées d'arbres émondés régulièrement, encadrant des pelouses parsemées d'arbustes taillés au ciseau. Ces descriptions sont si précises, qu'elles ont permis à Scamozzi et à Félibien de recomposer ces villas, et d'en donner des plans au moins très-vraisemblables. Plusieurs détails d'ornementation, décrits avec une complaisance visible par le favori de Trajan, trahissent déja le progrès de la décadence artistique, contemporaine de la décadence littéraire. De son cabinet de verdure, il admire moins l'horizon splendide, que l'habileté du jardinier émondeur qui sait reproduire, en ifs ou en buis taillés, les noms de son patron, ou bien « des figures de bêtes féroces qui semblent se menacer. » Dans les jardins romains, comme dans ceux de Louis XIV, l'eau subissait, de même que le terrain et les arbres, le joug capricieux du maître. Elle n'y paraissait qu'emprisonnée dans des bassins, dans des tuyaux, sous la forme de jets calculés. Une des plus curieuses fantaisies des anciens dans ce genre, fut assurément cet orgue hydraulique, dont la contemplation fit oublier pendant plusieurs heures à Néron son empire perdu et sa mort prochaine.

Ces jardins, œuvres des loisirs d'une aristocratie dégénérée, disparurent avec elle sous les pas des Barbares. Toutefois, la tradition n'en fut jamais complètement interrompue dans les années les plus obscures du moyen âge. On en retrouverait la trace autour de ces villas mérovingiennes, où les rois franks mettaient une sorte d'amour-propre à reproduire certaines formes de la civilisation romaine; dans les parterres des châtelaines du monde féodal, et surtout dans les préaux des cloîtres. De nombreux documents attestent que l'horticulture avait été conservée et poussée à un haut degré de perfection dans les grandes abbayes bénédictines d'Italie, d'Allemagne et des Gaules. Ces bons religieux entendaient au moins aussi bien que les plus habiles jardiniers de nos jours la culture des arbres fruitiers, principalement des espaliers, ce qui leur permettait d'offrir aux visiteurs de haut rang des fruits merveilleux, dont les chroniqueurs font souvent mention. La culture en serre chaude n'était pas non plus inconnue dans les établissements monastiques, et pourrait bien avoir été pour quelque chose dans ces récits miraculeux de floraisons précoces, dont les légendes des saints offrent de fréquents exemples.

Parmi les jardins célèbres de l'époque mérovingienne, on cite le verger de Childebert, chanté par Fortunat. Ce verger, compris dans les dépendances du palais des Thermes, était contemporain de la domination romaine, et couvrait une partie de l'emplacement occupé aujourd'hui par le faubourg Saint-Germain. Constance Chlore et Julien s'étaient promenés sur ce même terrain où le fils de Clovis s'amusait à greffer, de sa propre main, ses pommiers. Suivant son panégyriste, les arbres auxquels le roi faisait cet honneur, donnaient des fruits plus savoureux et plus parfumés que tous les autres

Le jardin de Saint-Louis, dont plusieurs contemporains font mention, occupait la porte nord de la Cité, c'est-à-dire l'espace où l'on voit encore en ce moment la place Dauphine. Un intervalle de rivière, comblé aujourd'hui par le terre-plein qui forme le piédestal de la statue de Henri IV, séparait l'extrémité de ce jardin de l'îlot du Passeur-aux-Vaches. L'auteur d'un opuscule récent émet à cette occasion un vœu auquel s'associeront tous les gens de goût. « Puisque la place Dauphine, dit-il, doit bientôt disparaître, souhaitons qu'entre ces deux bras de la Seine soit rétabli le jardin de Saint-Louis. » (André Lefèvre, les *Parcs et les Jardins*, p. 59.) A ce vœu, nous joindrions celui de la suppression du soi-disant châlet, dont on a enlaidi depuis quelques années l'extrémité encore subsistante de l'îlot du Passeur, qui forme maintenant presqu'île en aval de la statue, et le rétablissement du beau massif d'arbres dont la majeure partie a été sacrifiée à l'installation de cette bâtisse disgracieuse et de ses dépendances. On obtiendrait autour de la statue, tant en amont qu'en aval, un encadrement de verdure dont l'effet serait indubitablement très-heureux.

Au quatorzième siècle, nous rencontrons les fameux jardins de l'hôtel Saint-Paul. C'était un spacieux verger décoré de fleurs, de fontaines, de tonnelles, d'allées treillagées de vignes, et même, plus tard, d'une ménagerie. Le souvenir traditionnel de ces décorations d'un jardin du moyen âge se retrouve encore dans les noms de quelques rues bâties sur son emplacement : les rues Beautreillis, de la Cerisaie, des Lions Saint-Paul. Ce fut dans ce jardin, qu'au début d'un règne qui devait finir aussi mal qu'il avait heureusement commencé, Charles VI, se promenant avec sa femme, Isabeau, le lendemain de ses noces, reçut une députation des notables bourgeois et commerçants de Paris, costumés, pour la circonstance, en ours et en licornes. Ces aimables bêtes fauves apportaient au jeune couple le don de joyeuse entrée, sous forme de vaisselle plate en or et en argent, et s'en retournèrent enchantées des bonnes grâces du roi, qui avait daigné trouver leurs cadeaux « biaux et bien ouvrez. »

« En général, dit M. A. Lefèvre, les jardins du moyen âge, entre le sixième et le quinzième siècles, manquaient de perspective et de grandeur. C'étaient des carrés plus ou moins grands, subdivisés en carrés d'arbres ou de fleurs, et parfois raccordés avec un rond-point circulaire, » orné d'un bassin et souvent d'un jet d'eau. On affectionnait particulièrement à cette époque, en fait de plantes, le romarin, la sauge, la marjolaine, la lavande, les giroflées et les roses. Il ne faudrait donc pas que les horticulteurs prissent pour des spécimens vraiment historiques les modèles de parterre et de plate-bandes de style gothique qu'on trouve dans Mayer, Kemp et quelques autres auteurs, et dans lesquels le dessinateur s'est amusé à figurer des compartiments présentant des trèfles, des feuilles de chardon et autres détails de style gothique fleuri.

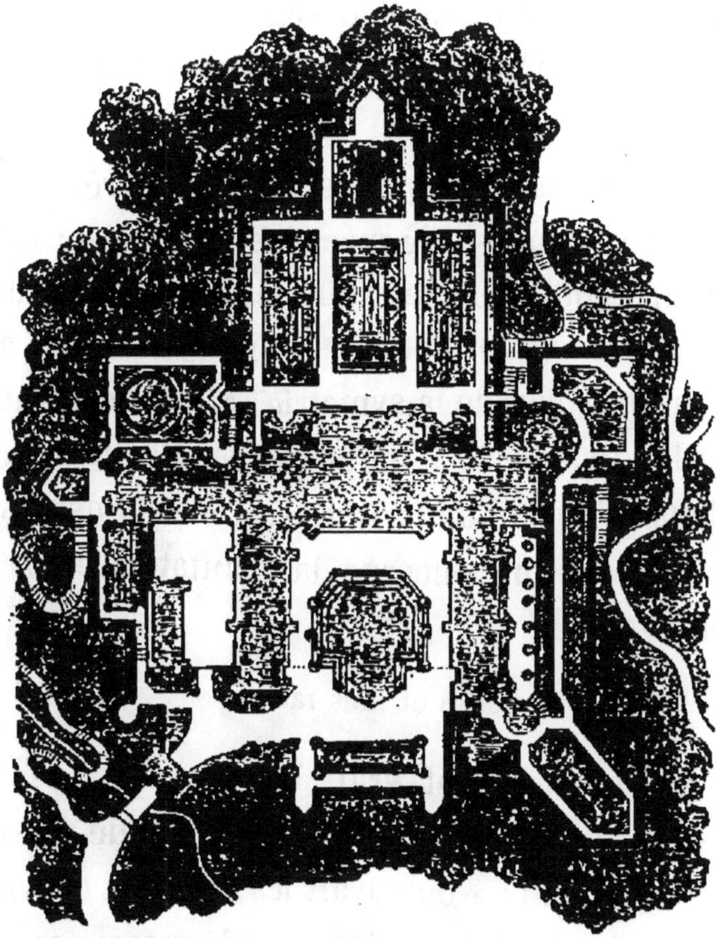

Fig. 4. JARDIN DE STYLE GOTHIQUE.

Ce sont là de pures fantaisies rétrospectives, dont il ne faut user qu'avec une sobriété extrême, même autour de bâtiments dont le style semble autoriser l'emploi de semblables formes.

Nous croyons cependant devoir donner, comme échantillon de ce genre de travail, le fragment ci-joint d'un projet de grand jardin autour d'un château gothique, qui fait partie de l'ouvrage de Mayer. C'est le parterre principal que l'artiste a placé devant la façade intérieure de l'habitation.

Dans toutes les descriptions de jardins réels ou de fontaines que nous ont léguées les auteurs du moyen âge, on aperçoit facilement que les idées de beauté et d'agrément en ce genre étaient, dans leur esprit, absolument inséparables de la symétrie. Ainsi, l'ordonnance du « jardin tout vert, » où siégent « Déduict » et sa çour, dans le Roman de la Rose, est absolument régulière en tout ce qui concerne la plantation et la distribution des eaux

Sans barbelottes et sans raines.

On y entendait, il est vrai, les « oisillons, faisant dans les buissons bien sentans une musique qui pouvois oster tout deuil ; » on voyait les daims et chevreuils folâtrer sous les futaies; les lapins, hôtes assez compromettants d'un parc régulier,

..... Yssir de leurs tannières
En moult de diverses manières.

Mais cette variété de la nature animale s'encadre dans l'immuable symétrie de la végétation. Les fleurs « odorantes et de hault prix » sont réparties en compartiments; on a choisi de préférence les blanches et les rouges, comme « plus franches sur toutes autres, » et plus propres à dessiner nettement les contours. Les arbustes sont correctement taillés en murailles de verdure; les arbres à fruits, les « haults pins et cyprès, même les ormes et gros chênes fourchers, » sont régulièrement plantés et alignés en quinconces et sur le bord des allées. La régularité domine pareillement dans l'Eden enchanté du Décaméron, calqué, dit-on, sur le jardin de la villa Rinuccini, en Toscane. Des allées droites et couvertes de treilles y rayonnaient d'un point central, dont le centre était occupé par une fontaine monumentale. L'eau, jaillissant comme une flamme du haut d'une colonne, retombait avec un bruit délicieux dans une grande vasque, d'où elle s'épanchait en branches « admirablement tracées, » autour de la pelouse circulaire qui cernait la fontaine et dans toute l'étendue du jardin.

Vers la fin du moyen âge, René d'Anjou, prince « aussi habile aux arts de la paix qu'impropre à ceux de la guerre et de la politique, » poussa l'amour des jardins jusqu'à la passion. Il en avait planté un aux environs d'Angers, la métropole future des pepinières de France, autour d'une grotte qui offrait quelque similitude avec la célèbre Sainte-Baume de Provence, circonstance qui valut à ce jardin le nom de *Baumette.* Sa villa d'Aix, plus remarquable encore, se composait d'immenses terrasses disposées en amphithéâtre, et se reliant toutes à l'habitation. Le bon roi René, qui, dans des temps plus calmes, avait été un grand homme, songea l'un des premiers à tirer parti des facilités qu'offre le climat de la Provence, pour développer, dans des conditions d'abri exceptionnelles, les plus splendides végétations tropicales.

Jardins et Parcs de la Renaissance italienne. — Fidèle compagnon de la civilisation, l'art des jardins refleurit plus généralement à l'époque de la Renaissance, principalement en Italie. Les grands architectes de cette époque, en imitant le style des monuments antiques, reproduisaient d'instinct, en quelque sorte, comme complément naturel d'ornementation, les parterres, les terrasses ornées de vases et de statues, les arceaux de verdure, les pièces d'eau jaillissantes et machinées. Mais, suivant l'observation judicieuse de M. A. Lefèvre, la plupart des beaux jardins de l'Italie ont dû, et devront toujours, à la nature le plus grand de leurs charmes, la vue. Ils sont généralement adossés à des collines ou à des montagnes. Soit qu'ils s'élèvent au-dessus de l'habitation, soit qu'au contraire celle-ci les couronne, ils offrent toujours des terrasses en amphithéâtre, de vastes escaliers, des chûtes d'eau qui leur donnent le mouvement et la vie. Souvent aussi la pente nécessite des allées obliques ou tournantes, qui rompent la monotonie qu'on reproche d'ordinaire à nos jardins français du style régulier.

On peut dire que, sauf l'intérêt spécial des objets d'art entassés souvent avec profusion dans ces villas de la Renaissance et de l'âge suivant, qui en a vu deux ou trois les a vues toutes. Les plus intéressantes, par la beauté des sites et des eaux, comme par les souvenirs historiques qui s'y rattachent, sont celles des environs de Florence et de Rome.

Parmi les premières, l'une des plus fréquemment visitées et citées, est la villa Boboli, propriété des anciens grands-ducs, dessinée vers 1550 par deux artistes habiles, Broccini et Buontalenti. On admire surtout la partie supérieure, composée d'une série majestueuse d'escaliers, de terrasses plantées et somptueusement décorées, d'où l'on jouit d'une vue magnifique sur Florence. L'étendue de ces jardins est telle, que plusieurs grands-ducs y ont expérimenté avec succès l'acclimatation de diverses cultures utiles, comme celles du mûrier et de la pomme de terre.

Une autre villa des Médicis, Pratolino, fut quelque temps la résidence favorite de Bianca Capello, dont le tragique souvenir semble lui avoir porté malheur ; elle est aujourd'hui dans un état de délabrement complet. Il faut dire aussi que le charme principal de cette villa consistait dans la variété et la complication de ses jeux hydrauliques, d'un entretien coûteux et d'un goût médiocrement pur. On peut en juger par la description qu'en a laissée un voyageur allemand, qui visita vers la fin du dernier siècle, époque où toutes ces machines fonctionnaient encore, tant bien que mal. C'est là qu'on paraît avoir eu la première idée de pratiquer une grotte assez spacieuse, avec des siéges de repos, dans la gueule ouverte d'un mascaron gigantesque. Les jeux hydrauliques, installés pour la plupart dans l'épaisseur des terrasses, offraient le bizarre amalgame de représentations sacrées et profanes qui caractérise le style de la Renaissance. Un Jupiter-mannequin faisait mouvoir un foudre qui jetait de l'eau au lieu de feu, avec une combinaison de boîtes à air calculée pour imiter le grondement de la foudre en se mêlant au jaillissement de l'eau. On voyait ensuite apparaître une reproduction mouvante, et de grandeur naturelle, de la célèbre composition de Raphaël, le triomphe de Galathée. Dans une autre grotte, des figures de Harpies aspergeaient inopinément d'eau les visiteurs, qui devaient s'estimer heureux d'en être quittes à si bon marché, vu les antécédents plus malpropres de ces divinités fabuleuses. Non loin des Harpies, la Samaritaine de l'Évangile venait emplir et remportait son amphore, et la flûte hydraulique d'un dieu Pan accompagnait cette évolution. Après avoir assisté à l'attaque d'un fort, où de part et d'autre canons et arquebuses vomissaient de l'eau au lieu de feu, on entrait dans une pièce voûtée ornée de glaces, dite chambre de bain. Elle ne justifiait que trop bien son titre, car le plancher faisait inopinément bascule sous les pas du visiteur, et le ramenait immergé de la tête aux pieds. Ce genre de plaisanterie, employé fréquemment dans les villas italiennes des seizième et dix-septième siècles, et imité dans des régions plus froides, où il pouvait avoir des conséquences encore plus désagréables, était appliqué sur la plus vaste échelle dans ces jardins de Pratolino. Ce n'était partout que prétendus siéges de repos, inondant à l'improviste l'imprudent qui se fiait à eux; ou statues mécaniques lui déversant sur la tête le contenu de leurs amphores, etc.

Parmi les autres villas grand-ducales, on peut citer encore le *Poggio imperiale*, créé sous Cosme Ier, et auquel on monte de Florence par une superbe avenue de cyprès; le *Poggio a Caiano*, où mourut Bianca Capello; la villa *del Giojello*, admirablement située, qui fut la très-douce prison de Galilée après son jugement. Ce prétendu martyr avait là une des caves les mieux montées de la chrétienté.

A côté des villas toscanes, il faut citer celles qui furent bâties et plantées vers la même époque, à Rome et dans la région montagneuse voisine de cette ville. Les plus belles appartiennent à la seconde moitié du seizième siècle, et plusieurs furent établies sur l'emplacement de célèbres villas antiques. Ainsi la villa d'Este, dont les premiers travaux remontent à l'an 1540, occupe une partie de l'espace jadis couvert par celle d'Adrien; l'Aldrobandini (Frascati) a remplacé les célèbres jardins de Lucullus; les villas Pamphili et Barberini (Rome), qui ne remontent qu'au dix-septième siècle, couvrent l'ancien emplacement des jardins de Néron et de Galba. Aussi, dans plusieurs de ces villas les travaux de fondation, de terrassement et de plantation mirent à jour assez d'objets d'art antiques, vases, bustes, statues, sarcophages, pour décorer, et même pour encombrer les nouvelles créations.

Nous donnons ici le plan de quelques-unes de ces belles villas romaines. L'une des plus remarquables est celle qui a pris le nom de l'architecte-décorateur Mattei. Elle fut conçue et établie d'un seul jet, de 1581 à 1586.

L'emplacement de cette villa offrait plusieurs irrégularités dont l'artiste a su tirer fort habilement parti par la fusion de deux éléments difficiles à combiner ; la symétrie et la variété. Il y a réussi, en modifiant le décor des plantations d'après la disposition du terrain

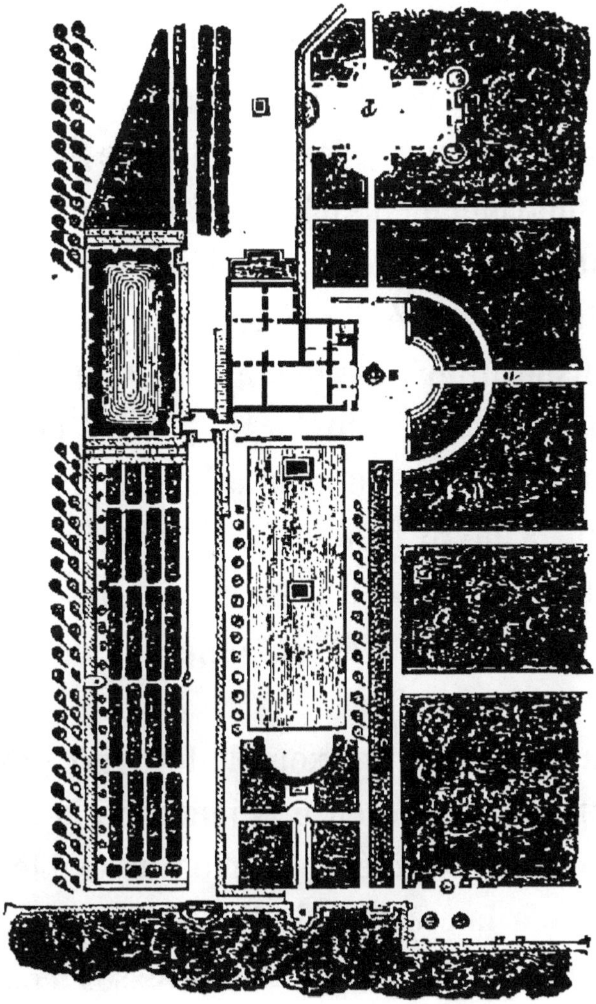

Fig. 5. VILLA MATTEI.

et la forme particulière de l'habitation ; ainsi, contrairement à l'usage général dans les villas de ce temps, la principale arrivée est latérale (*a*). Du côté où le jardin prend son principal développement, se déroule une longue pelouse (c), entourée de grands arbres verts, et finissant par un hémicycle en gradins que couronne un buste colossal d'Alexandre. Tout le long de cette pelouse, du côté droit de l'habitation, règne une terrasse d'où la vue s'étend sur le mont Aventin, par-dessus les cimes verdoyantes de bosquets jadis taillés symétriquement (e). La façade correspondante est, comme on le voit, sensiblement plus étroite; mais cette inégalité de proportion est sauvée par l'habile disposition des lieux. La totalité de cette façade s'encadre dans un large perron descendant à une terrasse bordée de plantations à gauche, tandis qu'à droite s'ouvre bientôt la perspective tout à fait inattendue d'un vaste espace en contre-bas, encadré de verdure et décoré de colonnes et de statues antiques (*d*).

La villa Mattei est un exemple fort rare et très-digne d'attention, d'une heureuse alliance de la fantaisie au style régulier. La symétrie la plus inflexible a présidé au contraire à la création de la célèbre villa Aldobrandini, montagne découpée en terrasses couvertes de verdures, de grottes et de cascades, décorée par Jacques de la Porte et Fontana, pour le cardinal Pietro Aldobrandini, neveu du pape Clément VIII. Là, il n'y a pas une allée droite ou oblique, pas un bassin circulaire ou octogone, pas une terrasse, pas une platebande, pas un escalier, qui ne se trouvent exactement répétés de l'autre côté, dans les mêmes dimensions et sous les mêmes formes. « C'est, dit M. Taine, le palais de campagne italien, disposé par un grand seigneur d'esprit classique, qui sent la nature d'après les paysages de Poussin et de Claude Lorrain. » Il y aurait bien quelque petites choses à dire sur cette appréciation. D'abord, cette ordonnance rigoureusement symétrique et composée ne ressemble pas plus aux tableaux irréguliers de ces deux maitres, qu'ils ne se ressémblent entre eux. Subsidiairement, il parait assez difficile d'admettre que les dessinateurs italiens aient su s'inspirer des œuvres de deux peintres, dont l'un ne faisait que de naitre, et l'autre n'était pas né à l'époque où fut créée la villa Aldobrandini. Mais les libres penseurs n'y regardent pas de si près.

Quoiqu'il en soit, l'ensemble de cette création ne manque pas de grandiose, comme on peut s'en convaincre par l'esquisse ci-jointe.

Nous donnons encore le plan de la villa d'Este, plus ancienne de quelques années que la précédente. Dans le temps de sa splendeur, aucun de ces palais de plaisance italiens n'était mieux partagé, pour l'abondance et la distribution grandiose des eaux. Il est vrai que l'architecte, Ligorio, avait à sa disposition des ressources exceptionnelles, ayant pu emprunter, pour alimenter ses bassins, ses jets d'eau et ses cascades, une section de Téverone, qui coule en amont de la villa et de ses jardins.

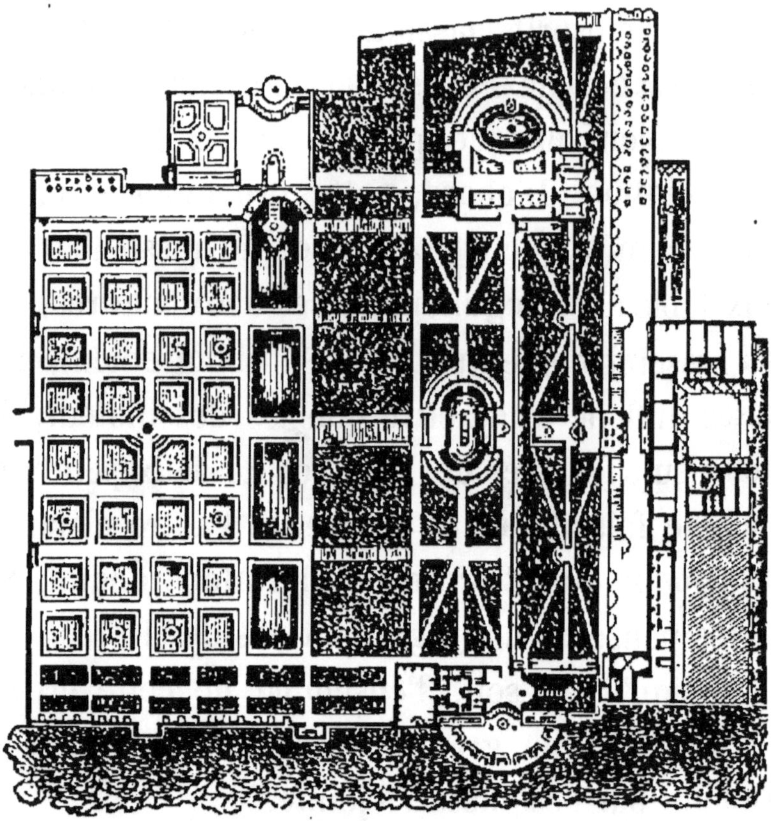

Fig. 6. VILLA D'ESTE.

Dans la situation actuelle, il faut beaucoup d'imagination pour représenter exactement l'état ancien, surtout l'effet véritablement prodigieux que produisait l'entrée triomphale des eaux, se déversant sous un portique orné de figures colossales.

Il faut encore citer, parmi ces grands parcs romains, dont le souvenir marque dans les fastes de l'art, la villa Mondragone, célèbre par la belle perspective dont on jouit de sa terrasse, par son avenue de chênes verts, et aussi par quelque chose de moins poétique, ses gigantesques cuisines; les villas Pamphili et Ludovisi, créées au dix-septième siècle; la villa Borghèse située près de la porte du Peuple, enfin la villa Albani, qui ne date que de 1744, et dans laquelle on reconnaît facilement l'influence du style de Le Nôtre. L'arrangement de l'Isola Bella, sur le lac Majeur, remonte à l'an 1670; c'est une contrefaçon des jardins suspendus de Babylone, qui ne justifie pas son ancienne réputation. Nous lui préférons sa voisine, l'Isola Madre, gracieux jardin de style irrégulier, où des conditions d'abri et des facilités d'irrigation exceptionnelles permettent le développement de la plus riche végétation exotique.

Dans l'état de délabrement où se trouvent la plupart de ces villas italiennes de la Renaissance, leur charme poétique, au point de vue de nos idées modernes, semble avoir plutôt grandi. Les arbres verts qui garnissent les avenues et les terrasses ont pris, avec les années, des proportions colossales. Suivant l'expression d'un poète, « ces obélisques sombres, sans inscriptions, semblent garder les secrets de ces demeures. »

Ils s'harmonisent mieux dans cet état avec la gracieuse majesté des perspectives où ils font premier plan; ils encadrent dignement ces nombreux débris de l'art antique, qui, exhumés après un long ensevelissement, ont revu naître et s'agiter autour d'eux les mêmes passions, sous des noms et des vêtements nouveaux. Dans ces jardins, dit Georges Sand, « les brimborions fragiles tombent en poussière, mais les longues terrasses, d'où l'on domine l'immense tableau de la plaine, des montagnes et de la mer; les gigantesques perrons de marbre et de lave... les allées couvertes qui rendent ces vieux Edens praticables en tout temps; enfin tout ce qui, travail élégant, utile ou solide, a survécu au caprice de la mode, ajoute au charme de ces solitudes, et sert à conserver, comme dans des sanctuaires, les heureuses combinaisons de la nature, et la monumentale beauté des ombrages. »

Aujourd'hui encore, l'impression produite par ces beaux jardins d'Italie est telle, qu'à leur aspect les plus fanatiques admirateurs du système opposé sentent chanceler leurs convictions et se demandent si, parmi de tels sites, et sous de pareils climats, il est permis de s'écarter de la tradition antique, de proscrire ce style régulier, consacré par l'habitude et l'admiration de tant de siècles. Nous reviendrons sur cette question dans la seconde partie du présent volume.

Jardins français aux seizième et dix-septième siècles. — Le Nôtre. — Le mouvement artistique de la Renaissance, patroné par François Ier et ses successeurs, exerça une influence aussi considérable sur l'art des jardins que sur tous les autres. Dès la seconde moitié du seizième siècle, les abords des principaux châteaux de plaisance, royaux ou princiers, n'étaient pas moins somptueusement décorés en France qu'en Italie, toujours, bien entendu, suivant les errements du style régulier. Les descriptions d'Androuet-Ducerceau (1576-79) prouvent que quelques-uns au moins de ces jardins pouvaient rivaliser à cette époque, pour l'élégance de l'ornementation, avec les plus célèbres de Toscane et des environs de Rome. Les plus remarquables jardins français de ce temps semblent avoir été ceux de Verneuil, d'Anet et de Gaillon, parce qu'au luxe de décor ils joignaient, comme en Italie, la beauté exceptionnelle des sites. La description que Ducerceau fait de Gaillon est curieuse à comparer avec la situation actuelle.

« Gaillon, dit-il, est accommodé de deux jardins, l'un desquels est au niveau d'icelui, et entre deux une place en manière de terrasse. Or est ce jardin accompli d'une gallerie belle et plaisante... ayant sa veüe d'un costé sur le jardin, et de l'autre sur ledit val vers la rivière... Quant à l'autre jardin; il est compris en ce val, sur lequel la galerie a son regard merveilleusement grand... Outre plus, au même val, tirant vers la rivière, le cardinal de Bourbon a fait ériger et bastir un lieu de *Chartreuse*, abondant en tout plaisir. Il y a davantage (de plus) un parc, auquel si voulez aller, soit du logis ou bien du jardin d'en haut, il faut souvent monter, tant par allées couvertes d'arbres, que terrasses qui toujours regardent sur le val, et continuant, vous parvenez jusques à un endroit où est dressée une petite chapelle et un petit logis, avec un rocher d'ermitage, etc. »

Ce parc supérieur, disposé en rampes alternativement ombragées et à ciel ouvert, et couronné par un ermitage factice, avait remplacé l'ancienne forteresse, célèbre dans les guerres de Philippe-Auguste et de Richard Cœur-de-Lion.

Cette résidence de Gaillon, sur laquelle M. de Laborde a retrouvé de curieux documents, était un des types les plus achevés des villas françaises du seizième siècle. Il est aussi l'un des plus dévastés, parmi ceux dont la Révolution a laissé subsister quelque chose. Les diverses parties de cet édifice, naguère si somptueux et si riant, ont été brutalement appropriées à leur nouvelle et sombre destination ; l'élégante et magnifique demeure des d'Amboise est devenue une prison. L'une des façades, qui comptait à bon droit parmi les plus gracieux spécimens de la Renaissance française, a été recueillie et « empaquetée » par Alexandre Lenoir ; elle figure aujourd'hui au Musée des monuments français. De cette singulière « Chartreuse, abondante en tout plaisir, » qu'admirait tant Ducerceau, il ne reste que l'immense mur de clôture, dont la solidité semblait défier les siècles et les révolutions, et dans lequel le passage du chemin de fer de Paris à Rouen a ouvert une large brèche. Quand on parcourt les galeries et les salles de Gaillon, hérissées de grilles, transformées en dortoirs et en ateliers, ses cours devenues des préaux, rien ne rappellerait à l'esprit ses magnificences disparues, si l'on ne retrouvait enfin la « terrasse au regard merveilleusement grand » et un dernier portail, merveille d'architecture, sauvée des démolisseurs et des conservateurs à la manière d'Alexandre Lenoir.

L'art des jardins, forcément négligé pendant les guerres de religion, participa à l'énergique et intelligente impulsion donnée par Henri IV à tous les arts de la paix, et spécialement à tous ceux qui avaient quelque rapport avec l'agriculture. Dans les premières années du dix-septième siècle, Olivier de Serres proclame, avec une fierté patriotique « qu'il ne faut voyager en Italie ni ailleurs pour voir les belles ordonnances des jardinages, puisque notre France emporte le prix sur toutes nations, pouvant d'icelle, comme d'une docte école, préciser les enseignements sur telle matière. » L'histoire impartiale doit faire quelques réserves au sujet de cette prééminence. A cette époque, la France n'avait fait et ne faisait encore que reproduire, avec les variantes nécessitées par la différence du climat, les types d'ornementation empruntés à la Renaissance italienne. Mais il est juste aussi de reconnaître qu'à partir du dix-septième siècle, l'initiative de l'activité, du progrès, en fait d'horticulture d'agrément, comme pour bien d'autres arts, passe, décidément de notre côté.

Les premières orangeries furent établies en France sous le règne d'Henri IV. Jusque-là ces arbres étaient mis en pleine terre, et empaillés l'hiver, précaution qui ne suffisait pas dans les fortes gelées. Olivier de Serres, signale avec enthousiasme, comme une nouveauté des plus séduisantes, l'orangerie que l'électeur Palatin venait de faire construire dans sa belle résidence d'Heidelberg, qui devait recevoir, dans le courant de ce même siècle, une si désagréable visite de la part des Français. On voit aussi, par ses descriptions, que nos jardiniers français étaient parvenus à exécuter, en fait de dessins végétaux, des tours de force qui dépassaient ceux des artistes d'Italie : « Ici, dit-il, sera montré comme l'on doit se servir des herbes et les employer, ayant égard à leurs facultés pour l'ornement du parterre... Ainsi qu'avec admiration plusieurs excellents jardins de plaisir se voyent disposés en ce royaume, mesme ceux que le roy fait dresser en ses royales maisons de Fontainebleau, Saint-Germain, les Tuileries, Monceaux, Blois, etc. Ce ne pourrait vraiment être sans merveilles que la contemplation des herbes, parlant par lettres, devises, chiffres, armoiries, cadrans; les gestes des hommes et bêtes; la disposition des édifices, navires, bateaux, et autres choses contrefaites en herbes et arbustes avec merveilleuse industrie et patience. »

Ces éloges ne semblent pas exagérés, quand on voit les dessins de parterres qui nous ont été conservés par quelques auteurs contemporains; notamment celui-ci, déjà reproduit dans le Manuel de MM. Decaisne et Naudin, *fig.* 8. (voir p. 40-41).

Olivier de Serres donne des détails curieux sur les herbes et arbustes qui se prêtent le mieux à ces dispositions. « Les myrtes, la lavande, le romarin, la trufemande (?) et le bouïs (buis), sont les plus propres plantes pour bordures, et qui durent plus longuement. Et aux compartiments simples, doubles, entrecoupés et rompus, la marjolaine, le thym, le serpolet, l'hyssope, le pouliot, la sauge, la camomille, la menthe, la violette, la marguerite, le basilic et autres herbes demeurant toujours vertes et basses, » Il y joint deux modestes plantes potagères qu'on est assez étonné de trouver en lieu si aristocratique, l'oseille et le persil. Mais rien n'est comparable au buis, pour la docilité avec laquelle il se prête à toutes les fantaisies du ciseau; c'est le serf de l'horticulture. Il ne lui manque que la « bonne senteur; » il est vrai qu'elle lui manque beaucoup.

Olivier de Serres, vante singulièrement « quelques-uns des compartiments que le roi a fait faire à Saint-Germain, et en ses nouveaux jardins des Tuileries et de Fontainebleau, au dresser desquels M. Claude Molet, jardinier de Sa Majesté, a fait preuve de sa dextérité : » Voici un échantillon du savoir-faire de ce Claude Molet, c'est un dessin de labyrinthe, de *dédalus*, comme on disait au seizième siècle. Nous empruntons encore cette reproduction à l'ouvrage de MM. Decaisne et Naudin, *fig.* 10. (voir p. 56-57).

Ce genre de plantation est d'origine antique, témoin la sinistre légende du Minotaure. Il en existait d'importants spécimens en France dès le seizième siècle, notamment celui du parc de Verneuil, dont Ducerceau parle avec admiration.

Molet et Boyceau paraissent avoir été les deux jardiniers français les plus habiles avant Le Nôtre. MM. Decaisne et Naudin ont donné (II, 38) le plan du parterre de Saint-Germain, dessiné par Boyceau. C'est un assemblage d'arabesques d'une rare élégance, mais qui, de nos jours semble plus propre à servir de modèle d'orfèvrerie ou de tapisserie, qu'à être exécuté en verdure et en fleurs.

Si puérile que puisse sembler aujourd'hui l'admiration enthousiaste des contemporains, pour des parterres reproduisant les sculptures d'une boiserie, où les dessins et les couleurs d'une étoffe, il est certain que l'exécution de ces parterres à compartiments et en mosaïque exigeait beaucoup de recherche dans le choix des plantes employées pour la composition de ces tableaux, et une grande dextérité d'exécution. Ce genre de décoration si goûté jadis était tombé dans un discrédit complet, par suite du triomphe des jardins irréguliers. Nous nous rappelons avoir vu, il y a quinze ans, à l'Isola-Bella, un de ces parterres en mosaïque entretenu traditionnellement : le jardinier lui-même en semblait honteux, et nous laissa à peine le regarder. Il parait cependant que les lauriers, ou plutôt les buis des jardiniers émérites des deux derniers siècles, troublaient le sommeil de quelques artistes modernes, qui ont essayé de faire revivre ce genre de travail. Ainsi, on trouve dans l'ouvrage de Mayer un modèle de jardin irrégulier, d'ailleurs fort bien entendu comme lignes, dans lequel il a essayé de disposer çà et là des massifs de fleurs en virgules, en enroulements et en demi-lunes. Ce choix de figures n'est pas précisément d'un goût exquis. Nous reproduisons cependant ce spécimen de jardin, parce que, sauf ce détail d'ornementation, la forme générale, la disposition des allées et des massifs nous semble heureusement conçue.

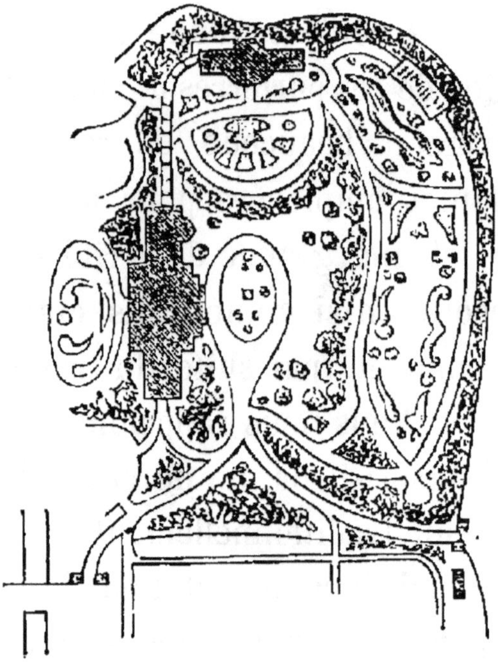

Fig. 7. MODÈLE DE JARDIN IRRÉGULIER.

Malgré de nombreux remaniements, le souvenir d'Henri IV est resté profondément empreint aux abords comme dans l'intérieur de plusieurs résidences royales, notamment à Fontainebleau et Saint-Germain.

Les éloges que font les auteurs contemporains des jardins français du temps de Henri IV et de Louis XIII, l'impression qu'ils produisaient, même sur les étrangers, donneraient à penser que Le Nôtre a recueilli lui tout seul, une renommée dont quelque chose aurait dû appartenir à ses prédécesseurs. Sous le nouveau règne, on continuait à n'estimer, en fait de jardins et de parcs, que les décorations les plus rigoureusement symétriques en plate-bandes, en allées, en charmilles. Dans un livre plus curieux encore que ridicule, publié en 1625, à l'occasion du mariage de Louis XIII, par Puget de la Serre, le même qui devint dans sa vieillesse le point de mire des railleries de Boileau; « Les Amours du Roy et de la Reyne, » le Dieu Pan célèbre les noces de Louis XIII et d'Anne d'Autriche, par une fête pastorale dans un pré tapissé de fleurs, où les arbres, les arbustes et les plantes affectent toutes sortes de formes géométriques, « droites lignes, cercles, carrés, triangles, ovales, ce qui était grandement délicieux à voir. » La Serre ne faisait là que décrire ce qu'il voyait incessamment autour des résidences royales, dans lesquelles il était admis en sa qualité d'historiographe du roi. Pour quiconque se piquait de bel esprit, et appartenait de près ou de loin à la cour, il n'existait pas d'autre manière d'envisager l'art des jardins; tout aspect irrégulier, naturel, était chose infime, qui ne méritait pas de captiver un instant les regards d'un homme de goût, ou qui, pour mieux dire, n'existait pas.

On trouve des renseignements curieux sur les jardins du temps de Louis XIII, dans les récits du voyageur anglais Evelyn, qui visita les plus beaux châteaux de France et leurs dépendances en 1644, c'est-à-dire dans la première année du règne de Louis XIV. Il parle avec une vive admiration du jardin des Tuileries, tel qu'il existait à cette époque; de son merveilleux écho, qui dans certaines parties du jardin semblait descendre du ciel, et dans d'autres sortir de terre; de son incomparable orange-

Fig. 8. PARTERRE DU TEMPS DE HENRI IV. (Voir page 35.)

rie, de ses arbres majestueux, de son labyrinthe d'arbres verts, où l'on trouvait des jets-d'eau, des viviers et une oisellerie construite par le feu roi. Tout cela, suivant le touriste anglais constituait « un véritable paradis, » et présentait à coup sûr un spectacle plus intéressant, plus varié, que le jardin dans son état actuel.

Evelyn donne aussi de grands détails sur le parc de Rueil, dont les magnificences dépassaient de beaucoup, à cette époque, celle de tous les châteaux royaux. Aussi bien, comme le fait observer judicieusement M. A. Lefèvre, Rueil avait été créé pour le véritable roi, Richelieu. C'est à Rueil, dit-on, que Le Nôtre emprunta la première idée de

Versailles. On y voyait une foule de curiosités végétales d'importation nouvelle ; notamment les premiers marronniers de l'Inde qui aient été plantés en France. Cet arbre était une conquête précieuse pour les parcs réguliers dans les climats du Nord; pouvant supporter impunément des froids rigoureux, se plier à tous les caprices du ciseau, former de hautes palissades, des arcades et des voûtes majestueuses. La richesse des aménagements hydrauliques surpassait tout ce qu'on avait vu jusque-là en France dans ce genre. Evelyn cite entre autres surprises, dans le genre de celles des villas Italiennes, une rangée de mousquetaires qui faisaient feu, ou plutôt faisaient eau sur les visiteurs. Suivant quelques traditions contemporaines, certains hôtes de Rueil ont été l'objet de surprises plus désagréables encore, et qu'ils n'ont jamais racontées. On dit qu'à l'époque de l'entière destruction du château, on trouva dans un puits très-profond, faisant office d'oubliettes, un certain nombre de squelettes revêtus de costumes du dix-septième siècle, dont les poches contenaient de l'or et des bijoux. On a supposé que ces exécutions secrètes s'accomplissaient au moyen de quelque trappe à bascule.

Richelieu n'en était pas moins le plus grand homme, et Rueil le plus beau château et le plus beau parc du royaume. Mais le souvenir des beautés de Rueil, et généralement de tout ce qui avait existé de remarquable jusque-là chez nous, en fait de jardins, fut éclipsé par l'œuvre de Le Nôtre, de même qu'une histoire de France nouvelle et plus grandiose semblait commencer avec Louis XIV.

Les immenses travaux de Le Nôtre, artiste trop vanté autrefois peut-être, mais trop rabaissé plus tard, donnèrent à ce style classique des jardins une vogue cosmopolite, et lui valurent le nom spécial de style français, que ses détracteurs eux-mêmes lui ont conservé. On sait que l'Angleterre et l'Italie réclamèrent la présence du célèbre artiste français; l'Autriche et l'Espagne voulurent aussi avoir leur Versailles, l'une à Schœnbrunn, l'autre à Aranjuez. Malgré les vicissitudes du goût, quoi qu'on en ait dit, ce système n'est autre chose, en réalité, qu'une dérivation, un nouveau développement de la tradition antique, et l'on ne peut raisonnablement y méconnaître un sentiment marqué de majesté, une aspiration souvent heureuse vers une certaine grandeur, à laquelle le système contraire ne saurait prétendre. Ce n'était certes pas une conception vulgaire que celle d'agrandir à ce point les résidences royales aux dépens de la nature assouplie et domptée; de les encadrer dans d'immenses palais de verdure, où les somptueux escaliers, les terrasses et les pièces d'eau peuplées de statues, les arbres taillés en palissades et en voûtes dans toute leur hauteur, les pelouses déroulées en immenses tapis, les plates-bandes découpées en riches mosaïques de fleurs, semblaient refléter et prolonger à l'infini les splendeurs du grand roi. Mais, comme on l'a souvent dit, ce genre demande de vastes espaces unis, ou des pentes douces qui se prêtent aux travaux d'alignement et de terrassement rectilignes. Il ne peut donc être employé avec un réel avantage que dans les domaines d'une étendue considérable, et, là même, il présente le grave inconvénient d'exclure d'une manière à peu près absolue beaucoup d'arbres et d'arbustes exotiques, et même un grand nombre de beaux arbres indigènes, dont le jet capricieux résiste aux exigences architecturales du ciseau.

Le Nôtre, né en 1613, ne mourut qu'en 1700; il vécut assez pour jouir pendant cinquante ans de toute sa gloire. Sa réputation commença par la décoration du château de Vaux, qui reste l'un de ses plus remarquables ouvrages. Aujourd'hui encore, malgré le délabrement de cette propriété, sur laquelle semble peser une fatalité héréditaire, l'impression lointaine de l'ancienne résidence de Fouquet est encore des plus saisissantes.

Nous donnons comme spécimen de l'œuvre de Le-Nôtre, le plan des jardins de Versailles (voir le plan en face le titre du tome 1er) ; c'est l'effort le plus prodigieux, le plus heureux, à certains égards, qui ait été jamais tenté aux époques modernes de l'histoire, pour assortir la majesté des abords d'une résidence royale à celle du souverain (1).

Cette œuvre, à jamais mémorable dans les fastes de l'art des jardins, pourrait donner lieu à bien des observations. Nous nous bornons à deux des principales. D'abord, à la différence des décorateurs des villas italiennes, qui avaient eu presque tous pour auxiliaire la beauté exceptionnelle de certains sites; Le Nôtre, sur ce terrain ingrat de Versailles, a dû chercher exclusivement ses effets dans l'art; suppléer, par l'harmonie et la belle ordonnance des lignes factices, à la nullité du paysage, et il était difficile d'y mieux réussir qu'il n'a fait. Ensuite, au milieu de ce colossal triomphe du genre régulier, un observateur attentif démêlera facilement un élément nouveau, germe éloigné d'une révolution complète, la recherche de la variété. Nous ne

(1) (*Plan de Versailles.*)

A, cour d'honneur et château; B, terrasse; C, parterre d'eau; D, parterre du sud; E, id. du nord; F, id. de l'orangerie; G, bassin de Neptune; H, allée du Roi ou tapis vert; I, bosquet de la Reine; K, salon de bal; L, fontaine de Bacchus; M, id. de Cérès; N, id. de Saturne; O, id. de Flore; P, bassin du sud; Q, bosquet du Roi; R, bassin d'Apollon; S, grand canal (pièce d'eau des Suisses).

retrouvons plus là les lois d'inflexible régularité qui présidaient, soixante ans auparavant, à l'organisation des jardins Aldobrandini. En examinant le détail de l'ornementation des bosquets, celle même des parterres nord et sud, joignant immédiatement le château, on reconnaîtra, malgré l'habile raccordement des lignes principales, que Le Nôtre s'est écarté fréquemment, et sans nécessité, des préceptes de la symétrie.

Parmi les autres travaux de Le Nôtre, on cite généralement ceux du grand Trianon, de Meudon et de Saint-Cloud, où il avait su tirer un heureux parti des inégalités de terrain; Sceaux, Chantilly, la terrasse de Saint-Germain, comparable aux plus belles d'Italie; enfin, Marly, l'une de ses œuvres les plus ingénieuses, et dont on doit le plus regretter la presque totale destruction. Au moyen d'une série d'enceintes concentriques, dont l'habitation royale formait le fond et non plus le point culminant, il avait su donner à cette retraite un caractère d'isolement, de séquestration qui répondait à la pensée secrète du monarque, tout en réservant à cette solitude un grand air de majesté. Bien d'autres œuvres moins connues de ce grand artiste mériteraient également d'être mentionnées ici; notamment la promenade publique de Dijon, l'une des plus grandioses qu'on puisse rencontrer en France; et le parc de Villarceaux, près de Magny, l'une de ses dernières créations, et non l'une des moins belles. On y remarque une série de terrasses et de bassins étagés circulairement, d'un effet aussi riche qu'harmonieux. La grande terrasse supérieure offre un magnifique point de vue : les cyprès employés en pareil cas dans les villas italiennes, sont avantageusement remplacés ici par des marronniers, dont plusieurs, contemporains de Ninon de Lenclos, ont acquis des dimensions colossales. Mieux encore que les palais, les jardins de Le Nôtre font ressortir avec éclat la grandeur de l'ancienne société française, et aussi celle des catastrophes qui l'ont frappée.

L'admiration qu'excitaient les œuvres de Le Nôtre et de ses premiers disciples produisit un effet heureux, en développant par toute l'Europe le goût des jardins et des parcs, qui, de l'aristocratie, s'étendit bientôt à la classe moyenne. Il est vrai que cette diffusion, indice certain d'un progrès réel d'intelligence et de bien-être, ne tarda pas à se tourner contre le style régulier lui-même, compromis d'ailleurs par les exagérations des continuateurs du maître. Les applications de ce genre, faites sans discernement sur des terrains inégaux et de médiocre étendue, dégénéraient en caricatures. Le souvenir des buis façonnés de Pline donna lieu surtout à d'étranges fantaisies. Un dessinateur hollandais, antérieur de quelques années seulement à Le Nôtre, reproduisait en buis, charmille ou *berberis* (épine-vinette), des scènes de chasse, notamment un groupe composé d'un homme enfonçant son épieu dans la gueule d'un ours, avec un chien accourant au secours de son maitre (1). Préoccupé avant tout de l'ordonnance des grandes lignes, Le Nôtre n'accordait qu'une médiocre importance à ces tours de force puérils de ciseau, que multipliaient ses contemporains anglais. L'un d'eux, Wyse, homme d'imagination, après tout, transforma des parcs en ménageries d'animaux dans diverses attitudes, avec des géants faisant office de gardiens. Des échantillons de ces sculptures végétales ont été conservés dans quelques grands parcs; l'un des plus curieux est le *pleasure ground* ou jardin de plaisance d'Elvaston-Castle (2), où la fantaisie du décorateur a placé, dans une enceinte verdoyante, formant rempart, quantité d'arbres et d'arbustes taillés de manière à figurer les ruines éparses

(1) On trouve la représentation de ce spécimen de la sculpture en buis taillé dans un livre devenu fort rare, l'*Horticultura*, de Lauremberg de Rostok. Francfort, 1654. Il y avait là, comme dans la plupart des exemples cités ci-après, bien de la patience et de la dextérité mal employées.

(2) Reproduit dans le recueil in-folio de Brooke, *Gardens of England*.

d'un temple antique. La même fantaisie désordonnée présidait à la composition des pièces hydrauliques : on y voyait force lions, tigres, caïmans, etc., pêle-mêle avec des vaches et autres bestiaux, et faisant pacifiquement assaut à qui lancerait les plus belles fusées, L'un des motifs favoris en ce genre était le combat légendaire du patron de la Grande-Bretagne contre le dragon infernal. Brooke a reproduit plusieurs de ces « Saint George's Fountains. » Dans la plus considérable, on voit auprès du monstre agonisant un cygne colossal, qui s'apitoie sur son sort et s'efforce de le venger en jetant de l'eau à la tête du vainqueur. Le même saint avait aussi, fréquemment, les honneurs de la sculpture en buis. Dans un passage de Pope, qui raille agréablement ces fantaisies grotesques du ciseau, il est question d'un saint Georges dont le bras n'est pas encore assez long, mais qui pourra tuer son dragon au mois d'avril prochain.

On a aussi conservé le souvenir d'un jardin, près de Harlem, où toute une chasse au cerf était représentée en charmille; d'une caricature d'abbé de grandeur naturelle, à Saint-Omer, entouré d'un chapitre d'oies, de dindons et de grues, en if et en romarin; d'un autre gardé par des gens d'armes en buis; d'instruments de musique taillés en grand et groupés en labyrinthe dans un parc de la Beauce. (A. Lefèvre,

Parcs et Jardins, 118.) Nous connaissons, dans une des régions les plus agréables des environs de Paris, un parc tout entier, figurant sur une grande échelle un *jeu de l'oie*.

Un exemple curieux de ce genre baroque subsiste encore en Hollande, dans le singulier village de Bruck. A vrai dire, c'est moins un village qu'une collection de résidences soi-disant champêtres, dont les propriétaires mettent une sorte d'amour-propre national à conserver ce spécimen traditionnel d'un style d'horticulture qui jadis eut une grande vogue dans toute la Hollande. Ce village forme un demi-cercle irréprochable autour d'un bassin formé par la réunion de deux canaux. La propreté méticuleuse des Hollandais est portée là à sa dernière puissance. Les rues sont trop étroites pour qu'on puisse y passer en voiture ou même à cheval. Elles sont pareillement interdites au gros et menu bétail; si l'on pouvait même intercepter le passage aux oiseaux et aux insectes, on n'aurait garde d'y manquer. Le dallage des rues est entretenu avec un soin qui ferait honte à plus d'un salon. On peut juger, d'après cela, de ce que doivent être, à l'extérieur et à l'intérieur, les habitations. Chacune a deux portes; l'une par derrière pour l'usage journalier; l'autre, l'entrée d'honneur, ne s'ouvre que dans les jours solennels de baptême, de mariage ou d'enterrement. (Cet usage n'est pas particulier à Bruck.) Enfin, les jardins qui s'étendent devant chaque façade se distinguent par une proscription systématique de toutes les formes naturelles. Ce ne sont, de toutes parts, que colonnes, statues, arcs-de-triomphe, effigies de tous les animaux possibles et impossibles, en if et en buis taillé. Ces formes décoratives, jadis si fêtées, et maintenant bannies partout, se pressent là comme dans un dernier asile.

Cette monomanie de sculpture végétale était pourtant bien une dérivation de la tradition antique, dans ce qu'elle avait de plus puéril et de moins digne d'être imité. On conçoit que ce genre d'ornementation ait été de bonne heure cultivé avec empressement en Hollande. La monotonie de l'horizon, le morcellement extrême des domaines, la passion de la curiosité, de tout ce qui exige un entretien constant, méticuleux, expliquent cette fantaisie sans la justifier, mais on comprend moins qu'elle ait été accueillie avec tant de faveur chez des peuples d'un tout autre caractère, et dans des pays de physionomie toute différente. Il faut voir là un des résultats les plus bizarres de l'engouement qui se manifestait, depuis l'époque de la Renaissance, chez les nations éclairées, pour tout ce qui présentait un caractère quelconque d'antiquité; peut-être aussi de l'initiative scientifique et littéraire prise par les Provinces-Unies depuis leur émancipation, et dont l'influence s'étendait aux moindres détails des connaissances humaines.

Le voyage et les travaux de Le Nôtre en Angleterre furent pour l'art des jardins le point de départ d'une réaction vers le style classique pur. A partir de cette époque, les tours de force de sculpture végétale furent, sinon tout à fait exclus, du moins réduits, comme sur les terrasses de Versailles, à un rôle tout à fait secondaire. L'Angleterre expulsa les Stuarts, trop amis de la France, mais elle conserva encore longtemps le style français dans ses parcs. La plupart de ceux qui furent créés du temps de la reine Anne, époque où l'art des jardins prit un grand développement en Angleterre, appartiennent à ce genre classique. Plusieurs, notamment Blenheim, Chatsworth, Hall Barn, furent complètement remaniés pendant le dix-huitième siècle dans le genre tout à fait opposé, qui prit tout à coup possession de la faveur publique.

Le Nôtre fut, à sa manière, un des auxiliaires de Louis XIV. Grâce à ses travaux, à ceux de ses imitateurs, le prestige de la France persistait dans les États les plus hostiles, s'étendait aux plus lointains. Avant la fin du dix-huitième siècle, l'Angleterre, l'Espagne, le Portugal, l'Allemagne, l'Italie, eurent leurs jardins français. La Russie naissait à peine à la civilisation, que déjà un élève de Le Nôtre dessinait un parc français à Peterhof. Cette influence réagit jusqu'en Chine, et c'est là un des faits les plus curieux de cette histoire des jardins, qui touche si intimement à celle des souverains et des peuples. En même temps que les jésuites français faisaient connaître les premiers à l'Europe ce genre irrégulier des jardins chinois, qui allait produire un changement radical dans l'horticulture, ils s'efforçaient d'initier les Chinois aux beautés du style français, au charme classique des longues avenues régulières. Depuis 1860, ces plantations de cèdres deux fois séculaires ont plus d'une fois abrité de nouveau des Européens. Au dix-huitième siècle, les jésuites construisirent pour l'empereur Khien-Long, dans une partie des jardins du palais de la *Mer-Sereine*, une série de terrasses et de jeux hydrauliques, dans laquelle on trouve une recherche visible d'imitation de Versailles ou de Chantilly, mise en rapport avec le goût chinois. Il y a là une de ces tentatives adroites de compromis, toujours familières aux jésuites. Toutefois, ces essais de style régulier n'exercèrent aucune influence sur le goût national; on les considéra comme une singularité exotique curieuse à connaître, mais non à imiter.

L'Italie, où Le Nôtre était venu en personne exécuter d'importants travaux (la tradition lui attribue une part considérable dans l'arrangement de la villa Pamphili, l'une des plus belles de Rome), l'Italie demeura fidèle, la dernière, à ce style, amplification solennelle de celui de la Renaissance. Vers le milieu du dix-huitième siècle, par conséquent à une époque où ce style était déjà tout à fait abandonné en Angleterre, et fortement compromis en France, les artistes italiens ne comprenaient encore que celui-là. Parmi ces œuvres, qu'on pourrait nommer franco-italiennes, l'une des plus remarquables est à coup sûr la villa Albani (1744), dont nous croyons devoir donner le plan. (fig. 9). On y saisit facilement la double tendance qui distingue ce style de celui de la Renaissance proprement dit : la recherche du grandiose portée jusqu'à l'emphase dans l'effet général, et en même temps un effort marqué pour introduire dans le détail un certain attrait de variété.

Cette recherche de variété est principalement sensible dans les deux parties adjaçentes au grand parterre central (*r*). D'un côté, on plane sur des massifs d'orangers divisés en compartiments réguliers (*q*). Dans le milieu, au fond, la vue s'arrête sur une fontaine monumentale (*i*) se détachant sur de grands arbres. L'autre côté du grand parterre est, au contraire, dominé par une vaste terrasse (*s*) qui se trouve de niveau avec l'habitation. Cette terrasse, bordée de grands arbres du côté du nord, est décorée de statues et autres fragments de sculpture antique régulièrement disposés.

n est un pavillon de plaisance, placé directement dans l'axe de l'escalier d'honneur (*k*), de la façade princi-

Fig. 9. VILLA ALBANI.

pale de l'habitation (*c*), et de la grande cascade du fond (*o*), par laquelle se déverse le trop plein des fontaines des parterres. Un des endroits du parc les plus justement renommés, est la treille monumentale (*g*) conduisant à un temple grec (*h*), qui n'est autre chose qu'une salle de billard. Toute cette ordonnance est riche, imposante, mais un peu trop théâtrale.

On continua de planter et d'entretenir des jardins réguliers en Italie jusqu'à l'arrivée des Français, laquelle jeta une perturbation profonde dans bien des institutions et des traditions longtemps crues immuables. Ainsi, dans les dernières années du dix-huitième siècle, les bords de la Brenta, dans les États de Venise, offraient une succession d'élégantes villas dessinées généralement en terrasse dans le style fran-

Fig. 10. LE LABYRINTHE DE C. MOLET. (Voir page 36).

çais, et appartenant aux principaux membres de l'aristocratie vénitienne. La plus remarquable était celle du sénateur Quinini, Altichiero, à laquelle une femme d'esprit, amie très-intime du propriétaire, a consacré une description qui ne forme pas moins de 300 pages in-4°. Ce volume, tiré à petit nombre, est rare et recherché des bibliophiles, comme tous les ouvrages du même auteur. On y voit que ce parc d'Altichiero, vanté comme la huitième merveille du monde, était une collection de salles et de cabinets de verdure reliés par des allées treillagées, et que chacun de ces réduits était le sanctuaire d'une divinité de l'Olympe. On avait notamment érigé un autel aux Furies sous un berceau de vignes, pour conjurer, suivant l'auteur de la description, les rixes qu'engendre trop souvent l'ivresse.

Révolution dans l'art des jardins. — Triomphe du genre irrégulier. — Les abus du style régulier, appliqué sans discernement jusque dans les plus petites propriétés, provoquaient et présageaient dans l'art des jardins une révolution dont l'Angleterre fut le premier théâtre, mais qui plus tard s'étendit à la France. Elle avait été dès longtemps pressentie et même formulée des deux côtés de la Manche. Les bases d'une théorie des jardins fondée, au rebours de l'ancienne, sur le sentiment et la reproduction des beautés naturelles, avaient été nettement posées par l'universel Bacon, dans un passage curieux de ses *Sermones fideles, ethici, politici*, imprimés dès 1644. Suivant cette théorie prophétique, un parc doit se composer de trois sections ou fractions principales, habilement fondues et reliées entre elles par un système d'allées embrassant la totalité du domaine. La propriété doit débuter par une pelouse ouverte, et se terminer par des bosquets d'arbustes et de grands arbres. Entre la pelouse d'entrée et le bocage final, s'étendra le jardin proprement dit, enveloppant de tous côtés l'habitation. Bacon recommandait que les allées de liaison ou de ceinture fussent plantées de manière à donner de l'ombre à toute heure, mais il défend positivement de rechercher cet avantage au moyen d'aucune disposition symétrique d'arbres ou d'arbustes. En dépit de l'usage immémorial, il proscrit impitoyablement, et jusque sous les fenêtres des châteaux, les buissons taillés en figures, les mosaïques de fleurs, luxe puéril de décor dont il faut, dit-il, laisser le monopole aux faiseurs de tartes ornées de sucreries multicolores. Il condamne également les réservoirs, les bassins immobiles; pour l'agrément comme pour la salubrité, il exige que les eaux soient courantes. L'ensemble du parc doit présenter des ondulations, et, s'il est possible, quelque hauteur surmontée d'un pavillon d'été faisant point de vue. Il serait bon aussi de ménager à l'occasion, sur la lisière, quelques emplacements élevés, d'où l'on jouirait des plus beaux aspects sur les environs et sur l'ensemble de la propriété. Il recommande de réserver un emplacement aéré et soigneusement cultivé, d'y former une pépinière d'essai pour les arbres à fruit ou plantes d'ornement susceptibles d'acclimatation, idée généralement adoptée dans les *arboretums* modernes. Enfin, il veut que l'on s'attache à reproduire dans les futaies et bosquets de fond tout le laisser-aller pittoresque de la nature. Ces préceptes, qui semblent aujourd'hui si vulgaires, parce que nous en avons sous les yeux quantité d'applications plus ou moins bien réussies, étaient, du temps de Bacon, une inspiration de génie, un trait d'union entre l'art et la nature, jusque-là profondément divisés (1). La fameuse description du paradis de Milton, écrite quelques années après, est visiblement conçue dans le même ordre d'idées. L'Eden biblique du poète anglais ne contient rien de symétrique ni de compassé; c'est la concentration, dans un espace restreint, dans un désordre harmonieux, de ce que la terre nouvellement créée peut offrir de plus attrayant.

Le philosophe et le poète anglais eurent tort longtemps, même sur leur sol natal, contre l'influence et le prestige français. L'adoption des plans de décoration architecturale de Le Nôtre confirma pour bien des années, dans l'art moderne des jardins, l'ostracisme dont l'usage antique avait frappé la nature. Cette adoption était d'ailleurs la conséquence logique des idées générales du grand roi sur les beaux-arts. Rien ne devait, autour de lui, se départir d'un idéal majestueux, dont les objets les plus humbles devaient recevoir quelque reflet. De la hauteur où il était placé, ce qui n'était que naturel lui apparaissait déjà chétif ou difforme. Ainsi s'explique son mot célèbre : « Qu'on

(1) Un peu plus loin, il est vrai, Bacon semble s'effrayer de sa propre audace, et admet, au moins dans le jardin réservé, des ornements réguliers et des constructions conformes à la mode du temps.

m'ôte ces magots! » en présence des chefs-d'œuvre de Téniers. Cette tendance à la symétrie pompeuse, progressant, pour ainsi dire, dans le sens même de la civilisation, refoula pour longtemps les aspirations contraires.

Mais on se lasse partout, et en France plus vite qu'ailleurs, d'un ordre et d'une régularité trop inflexibles. Aussi le grand roi lui-même avait fini par se blaser sur les splendeurs des jardins de Le Nôtre, et peu s'en fallut que, dans les dernières années de son règne, il ne détruisît en grande partie l'œuvre si coûteuse de Versailles pour la refaire sur un plan absolument opposé. Cet étrange revirement, trop peu remarqué jusqu'ici, était dû à l'influence d'un des poètes qui marchaient, quoique d'assez loin, sur les traces de Molière. Homme d'esprit et d'imagination, Dufresny improvisait avec la même facilité des plans de jardins et des plans de comédie. Il est fort possible, bien qu'on manque de documents positifs à cet égard, que les indications succinctes des premiers jésuites français sur les jardins irréguliers des Chinois aient vivement frappé cette imagination vive et paradoxale. « Il avait, dit l'auteur de sa vie, un goût dominant pour l'art des jardins; mais les idées qu'il s'était faites sur ce sujet n'avaient rien de commun avec celles des grands hommes que nous avons eus et que nous avons encore en ce genre. Il ne travaillait avec plaisir, et pour ainsi dire à l'aise, que sur un terrain inégal et irrégulier. Il lui fallait des obstacles à vaincre, et, quand la nature ne lui en offrait pas, il s'en donnait à lui-même; c'est-à-dire que d'un emplacement régulier et d'un terrain plat, il en faisait un montueux, afin, disait-il, de varier les objets en les multipliant, et, pour se garantir des vues voisines, il leur opposait des élévations de terres, qui formaient en même temps des belvédères. Il disposa dans ce goût les jardins de Mignaux, près de Poissy; ceux de l'abbé Pajot, près de Vincennes; enfin deux autres jardins qui lui appartenaient au faubourg Saint-Antoine. Dufresny passa les dix dernières années de sa vie (1714-1724) à composer des jardins. Louis XIV, qui l'aimait beaucoup et qui connaissait son mérite, lui avait accordé un brevet de contrôleur des jardins. Il avait présenté à ce prince deux plans différents de jardins pour Versailles, pour lesquels il n'avait consulté que ses idées singulières. Ils ne furent pas acceptés à cause de l'excessive dépense que demandait leur exécution. » Versailles n'avait déjà coûté que trop cher!

La tentative de Dufresny en faveur du style irrégulier fut compromise dès le début par son exagération, et la vogue du genre symétrique, considéré plus que jamais comme notre genre national, se prolongea en

France jusque par delà la seconde moitié du dix-huitième siècle. Tous les ouvrages français, publiés dans cet intervalle sur la matière, se rapportent exclusivement au style régulier. Mais il n'en était pas de même en Angleterre. Le nouveau système indiqué par Bacon, et dont l'idéal se trouvait esquissé à grands traits dans l'Éden de Milton, fut nettement formulé par Addison. Par une anomalie curieuse, l'auteur froid et compassé de *Caton*, proscrivait en horticulture la régularité classique qu'il introduisait dans la tragédie. On a souvent cité un passage de ses œuvres, très-remarquable en effet pour le temps; ce passage contient le programme de la « ferme ornée » telle que l'ont comprise les dessinateurs modernes. « Pourquoi, disait-il, un propriétaire ne ferait-il pas de son domaine entier une sorte de jardin ? Grâce à de nombreuses plantations, il en retirerait autant de profit que d'agrément. Si les prairies recevaient de l'art du fleuriste quelques légers embellissements, si les chemins serpentaient entre de grands arbres et des berges fleuries, un propriétaire composerait un délicieux paysage rien qu'avec son petit domaine. » Ces idées furent reprises et vivement développées par un autre écrivain anglais, qui jouit de son vivant d'une réputation aujourd'hui fort amoindrie. Pope attaqua énergiquement les jardins classiques; il railla les arbres taillés, « pareils à des coffres verts posés sur des perches, » les arbres taillés en statues, les statues disposées en quinconce. Il joignit l'exemple au précepte, en disposant dans ce goût nouveau son domaine de Twickenham près de Londres. La plantation de ce petit parc fait époque dans les annales de l'horticulture anglaise. Ce fut là que le célèbre dessinateur Kent trouva, dit-on, les sujets de ses meilleures compositions. Ce fut en 1720 qu'il osa, pour la première fois, s'écarter des préceptes de Le Nôtre dans la plantation des bosquets d'Esher, maison de campagne du premier ministre Pelham, et dans celle du parc de Claremont. En rapprochant cette date de celle des essais de Dufresny, il nous semble que la France aurait quelque droit à réclamer ici encore le mérite de la priorité. Théoriquement, Kent a pu s'inspirer de Bacon, de Milton, d'Addison et de Pope, mais il avait dû nécessairement entendre parler des innovations qui, plusieurs années auparavant, avaient été, les unes proposées pour Versailles, les autres exécutées aux abords de Paris, d'après les plans d'un personnage aussi en vue que le contrôleur des jardins du roi de France. De cette induction, nous serions autorisé à conclure qu'en fait de jardins, comme de machines à vapeur, les Anglais sont moins inventeurs qu'ils ne pensent. Toujours est-il que cette réaction contre le système régulier dit français devint une affaire d'amour-propre et d'antagonisme national.

Alors, au rebours de la célèbre prophétie d'Isaïe, les espaces unis se soulevèrent en collines, les chemins droits se recourbèrent. Les eaux, jadis captives dans des bassins, furent rendues à leur pente naturelle, encore accélérée par des accidents factices de terrain; les anciennes avenues furent détruites ou absorbées dans de nouveaux massifs capricieusement contournés. Pourtant ce genre demeurait encore confiné dans la Grande-Bretagne, quand ses partisans reçurent, vers 1750, un renfort considérable et décisif. Ce fut de la Chine, cette fois, que vint la lumière, et les « magots, » naguère si méprisés de Louis XIV, prirent leur revanche. Déjà, le P. Duhalde avait noté que « les Chinois ornaient leurs jardins de bois, de lacs, qu'ils y nourrissaient des cerfs, des daims quand ils avaient assez d'espace. » Le voyageur hollandais Kæmpfer avait remarqué aussi dans les jardins japonais des rochers artificiels et des cascades. En 1743, une description détaillée du grand parc impérial, dit « le jardin des jardins, » fut envoyée en France par le frère Attiret. Ce religieux, homme d'un talent réel, remplissait auprès de l'empereur Kiên-Lông les fonctions de peintre ordinaire, fonctions qui n'étaient nullement une sinécure, comme on le voit par sa correspondance. C'était un de ces hommes admirablement dévoués, qui assujettissaient sans murmurer leurs talents aux caprices incessants et bizarres d'un despote, sans autre ambition que celle d'obtenir quelque faveur ou quelque tolérance pour le christianisme. Attiret, qui ne dissimule pas, dans d'autres passages de ses lettres, combien il souffrait du goût bizarre des Chinois en fait de peinture, parle avec enthousiasme de ce « jardin des jardins, » dessiné et achevé en grande partie sous l'empereur Yout-Ching, prédécesseur de Kiên-Lông. « C'est, dit-il, une campagne rustique et naturelle qu'on a voulu représenter. » On avait, en conséquence, exécuté, sur la vaste superficie de ces jardins, une multitude de collines artificielles, aux pentes gazonnées ou boisées, séparées par des vallons où serpentaient des canaux aboutissant à un lac central, « large d'environ une demi-lieue en tous sens. » Dans cette mer intérieure, comme l'appelaient pompeusement les Chinois, s'élevait une île rocheuse supportant un vaste pavillon, ou plutôt un vrai palais en miniature, d'où la vue s'étendait sur cet ensemble enchanteur de collines ondulées, parsemées de ruisseaux, de vallons, de feuillages et de fleurs agréablement nuancées, où l'on voyait çà et là reluire, parmi les massifs, les teintes multicolores des bâtiments et pavillons de plaisance, des ponts avec balustrades découpées à jour, des grottes et des plages de rocailles. On a souvent contesté la véracité de cette description, et ces injustes soupçons n'ont été pleinement dissipés que par l'excursion peu pacifique des troupes anglo-françaises au « jardin des jardins, » en 1860. Nous ne saurions trop regretter la dévastation de ce parc, l'un des types de l'art moderne des jardins.

On pourra se faire une idée très-satisfaisante de ce style chinois, infiniment semblable à notre style paysager moderne, par la figure suivante. C'est le plan levé par un habile dessinateur allemand, d'une habitation de plaisance située près de Pékin, et appartenant, cela va sans dire, à un mandarin, et même, comme on va le voir, à un mandarin militaire.

Ce plan, ingénieusement conçu, sauf peut-être un réseau d'allées un peu serré sur la droite, et le trop grand nombre de ponts, pourrait être utilisé en Europe, avec quelques modifications indispensables dans la forme et l'aménagement de certaines constructions. Voici le détail de la distribution intérieure de ce petit Eden chinois.

A, entrée par un arc de triomphe dans l'avant-cour. — B. Casernes. — C. Jets d'eau. — D. Grande porte pour la réception des gens de qualité. — E. Urnes avec brûle parfums. — F. Logements des principaux officiers. — G. Logements des domestiques. — H. Demeure du mandarin. — I. Logements des femmes du mandarin. — K. Arc de triomphe dans une île. — L. Salle de bain et de collation dans une autre île. —

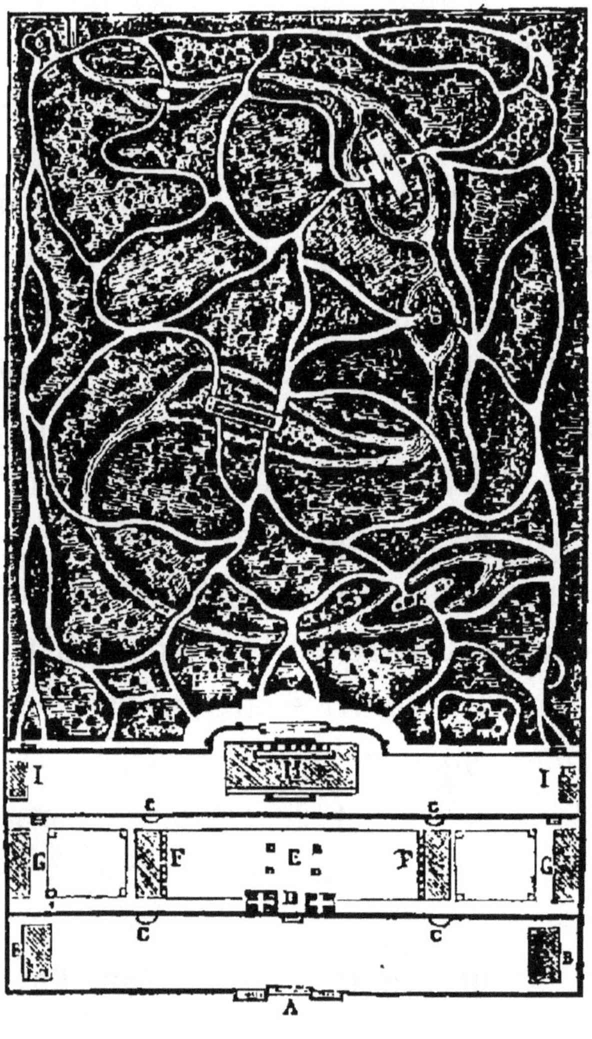

Fig. 11. JARDIN CHINOIS.

M. Pavillon d'été sur une hauteur entourée d'eau. — N. Bâtiment pour tirer de l'arc. — P. Pavillon des fleurs. — Q. Hauteur artificielle sous laquelle s'échappe le ruisseau.

Ce plan ayant été levé antérieurement à 1860, nous ignorons si tous ces arcs de triomphe n'ont pas subi quelques avaries.

Il nous paraît assez inutile de discuter ici, et même ailleurs, à quel style pouvaient appartenir les parcs des plus anciens empereurs chinois ; celui du bon Wen-Wang, qui laissait tous ses sujets en user comme lui-même ; celui du farouche Siouan-Wang, dans lequel, au contraire, tout délit forestier était puni de mort ; celui où Chi-Hoang-Ti, réalisant d'avance, sur une plus grande échelle, les fantaisies de la *villa Adriana*, avait réuni des reproductions de tous les palais qu'il avait conquis ; et celui de Wou-Ti, conquérant qui vivait dans le deuxième siècle avant l'ère chrétienne. Si l'on s'en rapportait aux Chinois, toutes les magnificences horticoles des Arabes, des Persans, des Grecs, des Romains et des peuples modernes, seraient bien peu de chose auprès des prodiges accomplis par ce gigantesque amateur de jardins, qui possédait entr'autres un parc de cinquante lieues de tour, entretenu par trente mille jardiniers. Mais, en dehors de ces hyperboles, on a la description très-positive et détaillée du domaine dans lequel un mandarin, ministre d'un empereur de la dynastie des Sang, « s'était arrangé une retraite pour amuser ses loisirs et converser avec ses amis. » C'est le tableau d'un jardin pittoresque irrégulier, tout à fait semblable à celui dont nous avons reproduit le plan ci-dessus.

Il est donc bien avéré que les Chinois nous avaient devancés de plusieurs siècles pour l'invention des parcs irréguliers, comme pour celle de la porcelaine et de la poudre. Comment leur était venu ce goût des décors paysagers, c'est ce qu'il n'est pas facile de deviner. Profondément implanté, depuis un temps immémorial, dans les mœurs chinoises, ce système fut adopté et reproduit avec magnificence au dix-septième siècle, par les conquérants tartares. Partout, sur le littoral comme à l'intérieur, dans cette plaine, la plus vaste et la plus unie du globe, chaque propriétaire s'efforce, suivant ses moyens, de créer quelqu'élévation artificielle de terrain, quelque semblant de rocher et de cascade. Ces hauteurs faites de main d'homme rompent quelque peu l'uniformité de ce gigantesque réseau de cultures et de canaux, où les grands fleuves chinois, s'étendant sur des déclivités à peine sensibles qui les portent endormis à la mer, oublient pendant des centaines de lieues les pentes et les ressauts abruptes de l'Himalaya. L'origine de cette antique passion des Chinois pour les jardins irréguliers est peut-être tout entière dans l'effet du contraste. L'aspect du moindre accident de terrain devient une distraction agréable pour des regards lassés par cette uniformité inexorable, à moins qu'on n'aime mieux voir là une réminiscence, se transmettant de génération en génération, de régions montagneuses habitées par les ancêtres primitifs des Chinois. Il existe une concordance parfaite entre les descriptions des anciens jésuites, dont on avait injustement suspecté la véracité, et toutes celles des voyageurs qui ont visité la Chine depuis cette époque, en donnant une attention particulière aux jardins, notamment Chambers, Staunton, secrétaire de l'ambassade de lord Macartney (1797), et, tout récemment, le grand botaniste Fortune (1853), auquel l'horticulture européenne doit de si précieuses conquêtes.

C'est au célèbre Chambers, architecte du roi d'Angleterre, que revient l'honneur d'avoir vulgarisé en Angleterre et, par suite, dans l'Europe entière, la connaissance du style décoratif des Chinois. Ses descriptions des jardins du Céleste-Empire (1757-1772), reproduites et commentées dans toutes les langues de l'Europe, faisaient autant d'honneur à l'imagination qu'à la mémoire de leur auteur. Chambers n'avait vu par lui-même que très-peu de choses en Chine, et ne connaissait que par ouï dire les merveilles des parcs impériaux. Ses tableaux n'en firent pas moins fortune parce qu'ils flattaient et servaient la fantaisie du jour, qui trouva dans les ouvrages de Chambers sa première formule. Ses principes furent bientôt développés, commentés dans une foule d'autres traités théoriques et pratiques. L'un des meilleurs est encore celui que publia en 1770, sous le titre modeste d'*Observations*, l'une des notabilités parlementaires de la Grande-Bretagne dans ce temps-là, sir Thomas Whately, lord de la Trésorerie sous le ministère Grenville. On ne peut lui reprocher que d'être fait trop exclusivement en vue de la grande propriété. Les applications de ses préceptes, qu'on fit plus tard sans discernement dans des espaces restreints, donnèrent lieu à de ridicules aberrations, dont la responsabilité revient tout entière au mauvais goût des dessinateurs et à la vanité mal entendue des propriétaires. Mais aujourd'hui encore on peut consulter avec fruit, pour la décoration des parcs de grande et de moyenne étendue, certaines considérations de Whately sur le caractère des terrains, la configuration des bois et des avenues pittoresques, le mélange des différentes nuances de verdure, l'agencement des ponts, des ruisseaux, des cascades, etc. Plusieurs des axiomes de ce maître témoignent d'une réserve vraiment méritoire à cette époque, où les dessinateurs et les propriétaires anglais poussaient jusqu'à la frénésie l'imitation des scènes les plus violentes. Il dit notamment que « cette ambition ridicule de contrefaire la nature dans ses plus grands écarts ne fait que déceler la faiblesse de la'rt de Whately est aussi bien en avant de son siècle, quand il reconnaît « que les caprices du gothique ne sont pas toujours incompatibles avec la grandeur. » Enfin, quoique ennemi du style français, Whately avoue « qu'un double alignement de beaux arbres se rejoignant par leurs sommets a son agrément particulier, qu'il faut plutôt renoncer à altérer ou à déguiser une telle disposition, que de sacrifier des arbres importants, qui ne sont plus susceptibles d'être déplacés. » Il maintient aussi la régularité, dans une certaine mesure, aux abords des habitations et surtout dans les squares et les jardins publics des grandes villes, encadrés de maisons dont ces plantations ne sont que l'accessoire, et qui leur imposent la régularité. « Les promenades de cette espèce, dit-il, forment une classe à part, et doivent être composées d'après d'autres principes. »

C'est aussi à cette époque de révolution horticole qu'appartient l'ouvrage, non le plus important, mais le plus long qui ait jamais été écrit sur ce sujet. Nous avons déjà cité la *Théorie des Jardins* de Hirschfeld, publiée à Leipzig de 1779 à 1785, en cinq volumes in-4o. Hirschfeld, natif du Holstein et professeur à Kiel, fit hommage au roi de Danemark de cette volumineuse compilation. Plus absolu que Whately, il rejette avec une vertueuse indignation toute symétrie. Il paraît avoir voulu reproduire dans son livre le désordre pittoresque qu'il vante, et manque absolument de goût, bien qu'il répète ce mot vingt fois par page. On rencontre pourtant çà et là, dans ce fatras, de bonnes idées, généralement prises d'ailleurs, et des extravagances parfois curieuses, qui sont bien du crû de l'auteur. On y trouve par exemple tantôt un plan de répartition des parcs en quatre compartiments distincts pour chaque saison, tantôt des préceptes pour appliquer la métaphysique à l'art des jardins, en assortissant leur physionomie au genre d'occupation, au caractère et même à la figure du propriétaire, ou aux sentiments qu'il veut choyer de préférence chez ses visiteurs. Toutes ces impressions morales peuvent être infailliblement obtenues par de certaines combinaisons d'arbres et d'arbustes, dont le jardinier philosophe donne la nomenclature latine, d'après la classification de Linné. L'*acer negundo*, en raison de son vert tendre, est particulièrement recommandé pour les scènes d'amour. Hirschfeld traite de fabuleuses les descriptions d'Attiret et de Chambers, et bannit en conséquence la chinoiserie de ses parcs. En revanche, il les encombre de temples grecs en l'honneur de toutes les divinités imaginables. Nonobstant ces fantaisies puériles, la *Théorie* d'Hirschfeld est recherchée des amateurs, principalement à cause de ses vignettes, qui reproduisent un grand nombre des plus beaux parcs anglais et allemands de cette époque qui n'existent plus aujourd'hui, et des scènes de paysages exécutées par quelques-uns des plus habiles dessinateurs du temps, notamment par Brandt, le Kent de l'Allemagne.

Exemples et excès du style irrégulier. — Le système des jardins irréguliers avait trouvé, en France, un prôneur non moins enthousiaste et plus éloquent que Hirschfeld dans Rousseau, « l'homme de la nature et de la vérité. » Leur emploi commença à prévaloir, dans la théorie comme dans la pratique, vers 1770, et donna lieu à la publication d'un grand nombre de dissertations et de traités, parmi lesquels on doit citer ceux de Watelet, de Valenciennes, de Girardin, l'ami de Jean-Jacques, et de Morel, l'auteur du parc d'Ermenonville, l'un des modèles du genre irrégulier primitif. Les anciens jardins avaient été célébrés par Rapin, les nouveaux le furent par Dallière, Delille et Fontanes. On peut remarquer toutefois qu'en France spécialement, le style des Anglais eut besoin, pour réussir pleinement, du patronage chinois.

Encouragée par l'esprit du temps, cette révolution, suivant l'usage, dépassa souvent les bornes du sens commun et du bon goût. Les classiques proscrivaient toute courbe, toute saillie malséante ; les novateurs les multiplièrent à outrance, exagérant le pittoresque en dépit de la nature même. Kent avait été jusqu'à planter, dans le parc de Kensington, des arbres rachitiques où même tout à fait morts. L'un de ses successeurs, Brown, surnommé le Shakespeare du jardinage, proscrivait toute trace apparente de culture. Au lieu d'envelopper la totalité de l'habitation du *pleasure ground*, il ne l'y rattachait que par un côté dissimulé soigneusement. Cette ordonnance lui permettait de conduire des bosquets de la plus sauvage apparence jusque sous les fenêtres, et de livrer au bétail de ses pelouses l'accès de somptueux escaliers. Ceci nous rappelle une anecdote russe dont nous garantissons l'authenticité. Un dessinateur de cette école, chargé de l'arrangement d'un domaine aristocratique, avait serré la nature de si près dans tous les détails et si bien relié le parc à une forêt de sapins qui faisait le fond du tableau, qu'un jour un ours s'y trompa, et, se croyant toujours chez lui, arriva jusqu'au perron et au seuil du salon, où cette apparition ultra-pittoresque à travers la porte vitrée causa naturellement grand émoi.

Par une étrange anomalie, ces exagérations de fantaisie romantique se conciliaient avec une profusion de temples, pagodes, grottes et inscriptions de toute espèce, « véritable indigestion d'art, » a dit le prince Pückler-Muskau. Le phénix de ce genre d'ornementation fut longtemps ce fameux parc de lord Grenville, à Stowe, où le touriste pouvait, en quelques heures, dans une étendue de 350 arpents, visiter « vingt ou trente édifices *de premier ordre*, » sans compter les autres. C'était le plus étrange salmigondis de souvenirs égyptiens, grecs, latins, nationaux, religieux, philosophiques ou folâtres. Du « temple de Bacchus » on allait, par un sentier rustique, à un ermitage, au sortir duquel on accostait une statue de « dryade dansante. » On retrouvait à chaque pas de ces rapprochements judicieux, comme, non loin du « temple des Grands-Hommes, » la sépulture d'un lévrier favori, avec une épitaphe interminable ; la caverne de Didon, ornée du groupe des deux amants, non loin du temple de la « Vertu féminine antique. » Il y avait aussi un temple de la Vertu féminine moderne ; il figurait un édifice en ruines, et disparaissait presque entièrement sous des plantes pariétaires, allégorie peu flatteuse pour le beau sexe de ce temps. Et les hommes qui se pâmaient devant ces belles imaginations condamnaient Versailles au nom du bon goût (1) ! Le parc de Kew,

(1) Whately cependant a le courage d'avouer qu'on a peut-être

non moins célèbre comme type de ce nouveau genre, offrait un nouvel élément de variété, ou plutôt de confusion ; plusieurs fabriques de style chinois, notamment une « maison de Confucius » coudoyant un temple dédié au Dieu des Vents, attestaient que Chambers avait passé par là. Dans un volume fort rare, imprimé à Londres en 1801, les « Observations sur les jardins modernes, » on trouve la description, ornée de figures, de plusieurs parcs importants, créés ou remaniés dans le nouveau style. Les figures, imprimées en couleur d'une façon des plus médiocres, ne peuvent malheureusement reproduire la beauté des effets de végétation, l'un des plus grands charmes du parc irrégulier. On se ferait, d'après ces figures, une assez pauvre idée des jardins d'Hagley, de Pains-Hill, et même de Carlton-House et d'Esher. Celui d'Hall-Born présente un exemple assez curieux de remaniement d'un somptueux parc français dans le style irrégulier. Le nouveau genre y fait à l'ancien une guerre de partisans. Les courbes des nouveaux sentiers viennent prendre d'écharpe ou affleurer çà et là, avec un caprice ironique, les vieilles avenues condamnées ; les pièces d'eau ont conservé leurs formes régulières, leurs décorations archi-

accumulé à Stowe et dans d'autres domaines du même genre, trop de choses, d'ailleurs admirables.

tecturales, mais l'on s'est efforcé de dissimuler par des massifs variés, cette régularité désormais malséante dans un parc anglais. Moins connu que beaucoup d'autres, le domaine de Woobourn, dans le comté de Surrey, paraît avoir été l'un des plus remarquables pour l'agrément de la situation et du décor paysager.

Enfin, dans cette nomenclature bien incomplète des plus beaux domaines anglais du dernier siècle, ce serait mal comprendre l'amour-propre national de ne pas citer celui de Blenheim, offert par l'Angleterre à Marlborough en reconnaissance de ses victoires sur les armées de Louis XIV. Cette reconnaissance n'aurait pas été si vive, ni le cadeau si magnifique, si la nation anglaise n'avait pas considéré les Français comme des adversaires encore redoutables, quoique commandés par des Marsin et des Villeroi.

Patroné par d'imposantes autorités littéraires, le nouveau style fut accueilli favorablement dans presque toutes les contrées de l'Europe, et, comme il arrive souvent en fait de réformes en tout genre, on compromit celle-là par des exagérations. Bientôt les parcs du continent rivalisèrent avec ceux d'Angleterre pour l'excentricité des décors artificiels. Dans le domaine de la princesse Radziwill, auquel Delille a consacré quelques vers, pour traverser une rivière large d'une vingtaine de pieds, on montait dans un bac amarré d'un côté à un Sphinx, emblème des périls de la navigation, de l'autre à un autel de l'Espérance. Au bout d'une minute, on débarquait sain et sauf dans une île figurant un bois sacré, où l'on allait faire ses dévotions aux autels de l'Amour, de l'Amitié, de la Reconnaissance, du Souvenir, etc. Un sentier obscur menait à un réduit gothique, asile de la Mélancolie, d'où l'on passait au « temple grec, » dans lequel un goût exquis avait réuni autour des figures de l'Amour et du Silence, un orgue et des statues de Vestales. On rencontrait successivement ensuite la tente d'un chevalier du moyen âge ; un salon oriental, avec des portes en acajou ; un musée d'antiquités, la plupart factices ; enfin, le monument funèbre que la princesse s'était fait arranger d'avance pour l'agrément de ses visiteurs. Sauf en Italie, où l'on était resté fidèle au système régulier, la plupart des parcs créés ou remaniés dans la seconde moitié du XVIIIe siècle offraient des détails analogues à ceux-là. Une propriété dessinée avec goût devait avoir sa pagode, son temple, son pont, sa ruine gothique, son monument funèbre élevé à la mémoire d'un personage ordinairement imaginaire, sa grotte mystérieuse avec amour en embuscade, ou ermite en prière. Les personnages les plus riches, se donnaient à l'occasion le luxe d'un figurant anachorète.

Nous croyons encore devoir citer, à cette occasion, comme monument curieux de l'exaltation révolutionnaire des premiers novateurs, la description que faisait Chambers des tableaux du genre terrible, dans sa fameuse dissertation sur le jardinage des Chinois. Les tableaux de ce genre doivent être, suivant lui, composés de sombres forêts, de vallées profondes, inaccessibles aux rayons du soleil, de rochers choisis dans les formes les plus fantastiques et les plus hideuses, et disposés de telle façon qu'ils paraissent toujours prêts à s'écrouler sur la tête du promeneur. Pour concourir à l'effet, on devra aussi rechercher les arbres les plus contournés ; les planter de manière qu'ils semblent ployés sous l'effet incessant des tempêtes. On pourra même en fracasser quelques-uns et les enfumer, afin d'ajouter à l'illusion en simulant les traces de la foudre. Les eaux devront être dirigés vers les pentes les plus abruptes; elles y rencontreront, à chaque ressaut, des quartiers de rocs, des troncs d'arbres, barrages incessamment renouvelés, qui les maintiendront à l'état de cataracte mugissante. Çà et là s'ouvriront parmi les rochers de sombres ouvertures de cavernes, dignes repaires d'animaux de proie ou de bandits non moins redoutables. Ce paysage désolé n'admet d'autres *fabriques* que des débris de constructions paraissant avoir été dévastés par l'incendie ou l'effort des eaux furieuses, ou quelques chétives cabanes donnant l'idée d'existences tourmentées et misérables. La *Rookery* fournira un nombre suffisant d'oiseaux de proie diurnes et nocturnes, aigles, hiboux, chouettes et corneilles pour donner, par leurs évolutions et leurs cris, le genre d'animation convenable en pareil lieu. Quelques petits gibets dressés de distance en distance seront du meilleur effet. Enfin, dans les enfoncements les plus sinistres de rochers et de bois, sur des chemins abruptes et *couverts d'herbes sinistres*, on rencontrera là quelque temple dédié à la Vengeance ou à la Mort ; des anfractuosités profondes, des descentes conduisant à travers les ronces et les broussailles, à des demeures souterraines. Sur les parois du roc, sur des croix ou des obélisques de pierre, des inscriptions relateront les événements tragiques dont ces lieux seront censés avoir été le théâtre, les cruautés des outlaws, des brigands qui les habitaient, leur destruction après une résistance désespérée. Il serait aussi bien à désirer qu'on pût avoir, pour compléter l'impression de ces sites du genre terrible, quelque four à chaux, quelque verrerie, dont la forme et les feux, surgissant parmi de noires futaies, donneraient à la montagne l'aspect du volcan. En présence de cette fougueuse description du genre terrible, notre dessinateur Morel, l'auteur de la *Théorie des Jardins*, bien que novateur zélé et convaincu, demeure absolument ébahi, effarouché ; on dirait un réformateur de la Constituante en présence d'un énergumène de 93. « Qui dirait, s'écrie-t-il, qu'il s'agit ici de jardins! »

Il se trouvait néanmoins dès ce temps-là des modérés qui protestaient contre ces hyperboles, et pressentaient l'avènement d'un genre mixte, d'un régime de liberté constitutionnelle en fait d'horticulture. L'un des hommes qui ont eu de meilleure heure en France les idées les plus saines à cet égard, est le paysagiste Valenciennes, auteur d'assez méchants tableaux et d'un bon traité élémentaire de perspective pratique. Après avoir signalé et blâmé cette manie d'accumuler dans les parcs des édifices de tous les styles et des recherches de toutes les formes de pittoresque, il ajoute sagement : « Malgré tous ces ridicules, nous ne sommes pas fâchés que l'on ait substitué cette méthode à la première (l'excès de symétrie), parce que nous croyons entrevoir que le véritable goût de la nature naîtra de ces folies. Du moins, dans ces nouveaux jardins, on ne taille pas les arbres, on ne les aligne plus, on les mêle davantage avec des arbres et arbustes exotiques, on laisse tomber et rejaillir naturellement les eaux. Il y a plus de mouvements dans les terrains; ce dont on jouit, inspire le désir de ce qui manque. » Il y a dans ces quelques lignes le principe de tous les perfectionnements accomplis ou sollicités depuis par les gens de goût.

On trouve encore en Allemagne des spécimens curieux de ce genre irrégulier primitif, notamment à Potsdam et à Sans-Souci (Prusse), à Lundenbourg et Laxenbourg (Autriche). Il faut encore citer, comme l'un des mieux réussis, un parc russe, celui de Tzarskoë-Selo, jadis résidence favorite de Catherine II. Il y a encore là, il est vrai, bien des contrastes d'un effet plus bizarre que gracieux, comme un théâtre et les ruines d'une église gothique, à côté d'un kioske chinois, d'un bain turc et de l'obélisque au pied duquel sont enterrés les chiens favoris de la grande Catherine. Ainsi qu'il arrive souvent pour les œuvres humaines, celle-là se soutient, non plus par l'attrait de ces embellissements factices auxquels on attachait, dans les premiers temps, l'importance la plus grande, mais par le développement de certains avantages naturels de sites, de certains effets de plantation à peine prévus dans l'origine, et aussi par la magie des souvenirs historiques.

Les Parisiens ont encore sous les yeux un spécimen assez complet des premiers parcs irréguliers, dans les restes de celui de Monceaux, dessiné par Carmontelle pour le duc d'Orléans. Malgré les retranchements considérables qu'il a dû subir, et des remaniements habiles dans les plantations et le vallonnement, on a scrupuleusement conservé la naumachie, les grottes, les ruines, qui laissent à ce parc transformé en square quelque chose de son ancien caractère. En tête des parcs les plus célèbres de ce genre, on cite d'habitude le Raincy comme le plus ancien par ordre de date. C'était un assemblage de fabriques qui n'étaient pas toutes d'un goût très-pur, mais que rachetait, dans les derniers temps, la beauté croissante des plantations. Le Raincy n'est plus guère aujourd'hui qu'un souvenir; mais plusieurs œuvres du même genre et d'un mérite supérieur sont venues jusqu'à nous, notamment les parcs si célèbres de Morfontaine, d'Ermenonville, de Méréville.

Ermenonville, trop connu pour que nous nous arrêtions à en recommencer la description, est le chef-d'œuvre d'un des artistes les plus habiles du siècle dernier (Morel), et reste l'un des spécimens les plus remarquables du genre irrégulier. C'était une de ces situations qui motivaient pleinement la proscription de tout arrangement symétrique. Il y a encore à Ermenonville bien des fabriques, plus que n'en aurait voulu Morel, qui n'était pas tout à fait le maître. Mais heureusement tout n'est pas factice dans ces constructions; on y retrouve, encadrés avec un art infini, le cénotaphe de Rousseau et sa dernière chaumière. L'impression de ces souvenirs sera toujours profonde, même chez ceux qui, tout en regrettant la trop grande influence de cet homme sur son siècle et sur le nôtre, rendent un juste hommage d'admiration à son génie et de pitié à sa destinée. Inspiré par la mémoire et par la présence de ce mort illustre, auquel la France devait déjà, en attendant mieux, la Révolution dans l'art des jardins, Morel s'est surpassé lui-même, en cherchant principalement ses effets dans la disposition des points de vue, dans le caractère varié des eaux et dans la plantation. Le contraste si heureusement exprimé entre l'aride *Désert* et le reste du parc, est un trait d'habileté magistrale et presque de génie.

Ce parc était trop beau pour périr, il vit et vivra. Mais comme dit avec grande raison un de nos prédécesseurs, « ce n'est que par une abnégation qui trouve en des souvenirs sacrés sa force et sa récompense, qu'un particulier peut conserver Ermenonville dans sa beauté première, en présence des tentations d'un morcellement qui doublerait sa fortune. Espérons qu'un noble esprit de famille gardera pour la postérité ce modèle varié, gracieux, mélancolique, imposant tour à tour, et qui ne sera pas dépassé. »

M. A. Lefèvre, auquel nous empruntons ces lignes, décrit ensuite longuement, d'après d'anciens ouvrages une autre œuvre de Morel, le parc de Guiscard, comme l'un des types les plus accomplis de jardin paysager, et engage les touristes à le visiter. Malheureusement ce parc est comme la jument d'Arlequin, qui joignait à ses perfections le léger défaut d'être morte. Guiscard a été entièrement rasé en 1831.

Parmi les plus anciens de ces parcs dessinés *à l'anglaise*, l'un des moins connus et des plus jolis est celui de Clisson, près de Nantes. Il n'est pas dans tout l'ouest de la France de plus agréable retraite que cette vallée de Clisson, jadis cruellement ensanglantée par la guerre civile. C'est un de ces lieux privilégiés où la nature a fait presque tout d'avance. A la suite du château, imposante ruine gothique, où l'on remarque deux ormes gigantesques, les plus beaux peut-être qui existent en France, le parc, beaucoup plus long que large, s'étend sur la rive droite de la Sèvre, et sur une série de côteaux ondulés qui la dominent, et d'où l'on jouit d'une perspective étendue et riante (riante aujourd'hui), sur les massifs du Bocage vendéen. L'allée d'en bas qui suit les contours de la rivière, avec ses antiques cépées recourbées en voûte, s'étendant parfois jusqu'à l'autre bord, est une des plus agréables promenades qu'on puisse rencontrer dans aucun pays, et fournit à chaque pas les plus heureux motifs d'étude aux paysagistes.

On peut encore citer avec éloge le parc de M. de

Villette (Oise), l'un des premiers exécutés en ce genre, et celui du Petit-Trianon, qui emprunte d'ailleurs un charme exceptionnel au gracieux et mélancolique souvenir de Marie-Antoinette.

Ce souvenir nous amène naturellement à la Révolution française, laquelle fit, comme on sait, un terrible carnage des grandes propriétés, comme des grands propriétaires, abattant pêle-mêle les plus nobles têtes et les arbres séculaires. Elle moissonna, comme des épis mûrs, ces futaies de chênes, dont le seul aspect imposait le recueillement et la prière. On compterait par milliers les parcs réguliers ou irréguliers sur lesquels la charrue promena son niveau impitoyable, On pourrait aussi écrire une lamentable histoire des guerres de l'Empire au point de vue des parcs allemands. Que d'arbres majestueux, que de bosquets, transformés en bûches et en fagots, ont fondu aux innombrables brasiers des bivacs français! Que de sang ont porté à l'Elbe les nombreux et romantiques cours d'eau de cette Suisse saxonne, qui semblait, suivant Hirschfeld, prédestinée par la nature elle-même à la création des plus beaux jardins paysagers!

Après ces tourmentes, on vit refleurir l'art des jardins au profit des fortunes nouvelles, avec les modifications qu'imposait le morcellement des grandes propriétés. La réaction qui, pendant quelques années, menaça les plus irrévocables conquêtes de la révolution, n'influa pas sur la décoration des parcs et des jardins, où le style irrégulier continua de dominer. Mais il fallait, il faudra encore bien du temps, bien des expériences pour épurer et fixer, au point de vue du véritable bon goût, la pratique de cet art. L'époque de la Restauration vit se reproduire un grand nombre de ces puérilités de décoration architecturale, tant prisées à la fin du siècle dernier, et d'autant plus choquantes, qu'elles encombrent des terrains de moindre étendue. Aujourd'hui encore, nous connaissons plus d'un commerçant retiré, très-fier d'avoir reproduit en miniature, dans un jardin de quelques centaines de mètres, la décoration d'une propriété princière; montagne artificielle de vingt pieds, dont on gravit les pentes abruptes pour aller contempler le panorama d'une basse-cour; pièce d'eau contournée de la longueur d'une baignoire; enfin, plus de siéges rustiques de toute forme et de pavillons de repos qu'il n'en faudrait dans un parc de deux lieues de tour. Les exigences routinières et la vanité puérile des propriétaires créeront longtemps encore aux dessinateurs intelligents des difficultés plus redoutables que tous les obstacles naturels. Cependant, là comme ailleurs, le progrès se fait lentement; mais enfin il se fait. Les artistes et les amateurs éclairés commencent à comprendre que le véritable charme du style irrégulier réside dans la disposition habile et variée des plantations, des mouvements de terrain. L'expérience, depuis quelques années, vient en aide au bon sens sur ce point. Les décorateurs modernes peuvent régler aujourd'hui leurs combinaisons d'après l'aspect qu'ont pris les plus anciens jardins paysagers échappés aux dévastations révolutionnaires ou au vandalisme de la spéculation. Ils ont reconnu que ces œuvres primitives, jadis surchargées de *fabriques*, avaient plutôt gagné que perdu par les agréments que leur ajoutait la nature en reprenant ses droits, en défaisant ou effaçant, sous le luxe de la végétation, les essais malencontreux de l'art. Ils peuvent aussi se rendre compte aujourd'hui de l'effet définitif d'un grand nombre d'arbres et d'arbustes essayés au dernier siècle, et éviter pour l'avenir des erreurs semblables à celles des anciens dessinateurs anglais, celui de Chiswick, par exemple, qui a multiplié outre mesure les futaies de cèdres et d'autres arbres d'un vert sombre, si bien qu'aujourd'hui son œuvre ressemble à un cimetière de grands hommes. Enfin, les artistes paysagers les plus habiles sont les premiers à recommander, pour les restes si longtemps insultés des jardins à la française, le respect qu'on doit aux grandeurs tombées. Plusieurs même des plus avancés ont compris que dans certaines conditions d'emplacement, le retour au moins partiel à ce système pourrait bien être le véritable progrès. Ce genre mixte a surtout été employé avec bonheur dans plusieurs grands parcs de l'Allemagne, auxquels nous aurons à revenir. L'art des jardins, en un mot, tend à se dégager de ses langes, à revêtir une forme plus logique, plus en rapport avec l'esprit des temps modernes et le mode actuel de division et d'exploitation des propriétés. Dans la dernière partie de ce travail, nous allons essayer d'abord de formuler quelques-uns des principes d'esthétique horticole, tels qu'ils se présentent d'eux-mêmes aux hommes de goût ; puis d'apprécier, conformément à ces principes, quelques-unes des œuvres modernes les plus connues ou les plus dignes de l'être.

DEUXIÈME PARTIE

RÉSUMÉ DIDACTIQUE

Les observations suivantes, empruntées aux horticulteurs les plus autorisés, sont exclusivement applicables au style paysager tempéré, devenu aujourd'hui d'un usage général. Un grand nombre de préceptes, également utiles pour l'établissement des propriétés d'étendue médiocre, ont dû, à ce titre, trouver place dans notre premier volume. On ne trouvera donc ici que ce qui concerne spécialement les grandes propriétés.

Nous croyons devoir rejeter absolument, comme arbitraire autant que surannée, la division en quatre genres soi-disant bien distincts; le pays, le parc proprement dit, la ferme, le jardin, imaginée par les novateurs du dernier siècle. Il serait facile de démontrer que ceux-là même qui ont imaginé cette théorie n'en ont tenu aucun compte dans l'application.

Parmi les jardins irréguliers primitifs, les plus agréables présentaient un caractère complexe, et auraient dû par conséquent être considérés comme appartenant à la fois aux quatre catégories, dont la délimitation rigoureuse n'a jamais existé que dans les livres.

Définition générale des préceptes. — Les préceptes généraux de la décoration des parcs ont été résumés et formulés avec une netteté singulière par le prince Pückler-Muskau, dans son excellent et spirituel « *Aperçu sur la plantation des parcs.* » (Stuttgart, 1847.) Suivant lui, l'art des jardins irréguliers consiste dans la composition et l'exécution de tableaux concentrés, élevés à un idéal poétique, d'un ensemble de paysages naturels. Cette ingénieuse définition paraîtra peut-être trop aristocratique, trop complexe pour un art désormais accessible aux fortunes modestes. Il se peut, en effet, que les conditions de l'emplacement ne permettent qu'une scène; mais cette scène unique peut, si elle est bien réussie, présenter à elle seule un réel intérêt. L'unité doit partout et toujours être la condition prédominante et comme la clef de voûte de la composition du parc le plus vaste, comme du plus simple jardin paysager.

L'étude et l'appropriation des alentours est une autre

observation non moins essentielle, qu'il s'agisse de grandes ou de petites propriétés. « Tous les objets éloignés qui offriront un intérêt quelconque, dit judicieusement à ce sujet le prince Pückler-Muskau, devront, pour ainsi dire, être attirés dans notre domaine, de manière à ce que les limites ne puissent jamais tomber sous les sens. » Par contre, les aspects disgracieux ou insignifiants du dehors doivent être soigneusement masqués par les plantations ; le jardin paysager doit d'autant moins s'isoler qu'il peut davantage emprunter au dehors. Ce système est devenu d'un usage plus fréquent, plus impérieux, en France surtout, par suite du morcellement des fortunes et de l'élévation progressive de la valeur des terres. Il est rare que la campagne la plus unie n'offre pas quelque perspective intéressante, du moins dans certaines saisons, par exemple quand le printemps déroule ses immenses pelouses de blés verdoyants, ou bien encore à l'époque des travaux de la moisson. On augmentera infailliblement l'intérêt de ces horizons de culture si l'on peut les relier à la propriété close, au moyen de quelques bouquets de bois, jetés sur les premiers plans. Mais, de toute façon, les clôtures doivent être soigneusement dissimulées; c'est une des lois les plus impérieuses du genre. Cette dissimulation est toujours facile à opérer, dans les espaces ouverts, par des artifices de terrassements qui rendent invisibles le fossé ou la haie plantée en contre-bas, et, dans les intervalles fermés, par des rideaux de plantations dont les arbres à verdure persistante doivent toujours former pour ainsi dire la trame. Dans les plus anciens parcs de style irrégulier, le tracé des allées dites de ceinture trahissait une préoccupation constante d'obtenir le circuit le plus long possible, pour donner une idée plus imposante de l'étendue du domaine. En conséquence, Kent, Brown et leurs imitateurs effleuraient toujours les murs, dissimulés uniquement par une mince lisière de broussailles. L'expérience a prouvé que ce système allait droit contre son but. Au bout d'un certain nombre d'années, les grands arbres prennent leur essor parmi ces broussailles qu'ils détruisent, et découvrent les clôtures dont l'aspect incessant atténue l'idée de grandeur. Cette idée peut être au contraire habilement entretenue dans une ligne de parcours notablement abrégée, en côtoyant de moins près les limites, et en simulant de temps en temps de leur côté des prolongations au moyen de coulées de gazon circulant entre le rideau définitif de clôture et des massifs détachés.

Fabriques. — C'est surtout dans le choix et la disposition des *fabriques* que le style paysager amendé, dont nous cherchons à définir les principes, s'écarte des errements primitifs du genre irrégulier. Le goût actuel tend à marier, autant que possible, l'agrément à l'utilité; il rejette les monuments, ermitages, ruines factices, les « pièces à surprise, » et les inscriptions dont on abusait tant autrefois. Comme l'observe avec raison le prince de Pückler-Muskau, les pensées des plus célèbres auteurs ne sont nulle part mieux placées que dans leurs ouvrages. Cependant ce genre de décoration suranné compte encore des partisans de l'autre côté du Rhin. Il n'y a pas encore bien des années qu'on a vu s'élever, dans le parc d'un prince germanique, un pavillon crénelé de notes figurant l'air populaire de Mozart, *Freut euch des Lebens!* Non loin de là, on rencontrait un banc dédié à l'amitié, avec un dossier dont les courbures en bois rustique formaient les noms d'Oreste et de Pylade. On voit encore dans les jardins de Braun, auprès de Vienne, une fabrique en forme de tonneau, dans laquelle est assis un Diogène tenant sa lanterne allumée. En se présentant sur le seuil, le visiteur marche nécessairement sur un ressort qui fait éteindre la lanterne, comme si le philosophe apercevait enfin l'homme si longtemps cherché. L'art n'a rien à voir dans de pareils enfantillages, mais les plus habiles dessinateurs ont peine à se défendre absolument de toute réminiscence mythologique, puisque le prince de Pückler-Muskau n'a pu s'empêcher d'élever dans son célèbre parc un temple à « la Persévérance, » et qu'en ce moment même, on vient d'en bâtir un à « la Sibylle » dans le beau parc des buttes Chaumont, sur un promontoire qui domine l'océan parisien. En tout cas, ces symboles antiques ne doivent être admis dans un jardin paysager que dans les circonstances fort rares où ils ont le mérite de l'à-propos. Nous en dirons autant des évocations historiques de l'Egypte, de la Grèce et de Rome, et des imitations du style chinois. Cette exclusion ne saurait s'étendre avec la même rigueur au rappel de faits nationaux, indigènes, quand la mémoire d'une ancienne construction, d'un événement ou d'un personnage célèbre se rattache à l'emplacement même ou au voisinage du jardin paysager. C'est ainsi que le souvenir de Rosemonde et de la « Loge » de Woodstock donne tant d'intérêt à Blenheim; celui de Marie-Antoinette, à Trianon ; celui de Jean-Jacques Rousseau, à Ermenonville. C'est ce qui rend la tâche du décorateur aussi facile qu'intéressante dans certains parcs prévilégiés, comme celui de Radepont (1), qui jouit du rare avantage d'embrasser dans une centaine d'hectares, parés d'une luxuriante végétation, un ravin du plus sauvage as-

(1) A cinq lieues de Rouen, dans la vallée d'Andelle, l'une des plus agréables de la Normandie.

pect, où s'accomplit jadis plus d'un sacrifice humain, les restes d'un château fort ruiné par Philippe-Auguste, ceux d'une abbaye de femmes fondée dans le XIe siècle, et un monument auquel se rattache le souvenir du vertueux et infortuné duc de Penthièvre, beau-père de la princesse de Lamballe.

Mais, en dehors de ces bonnes fortunes exceptionnelles, il est pour la décoration des parcs un genre d'ornement dont l'emploi est naturellement le plus fréquent, et qui consiste à donner autant que possible une physionomie gracieuse et pittoresque à des bâtiments d'une réelle utilité, comme pêcherie, buanderie, lavoir, maison de concierge ou de jardinier. Dans une propriété un peu étendue, l'un des buts de promenade les plus agréables qu'on puisse créer, sera toujours quelqu'une de ces habitations jetées sur la lisière du domaine, ayant pour accessoire un filet d'eau courante, ou au moins une petite mare convenablement entretenue et décorée, et un terrain servant de potager et de verger, pourvu d'une clôture complétement rustique, touchant immédiatement à la campagne, terrain d'une dimension assez restreinte pour que l'on comprenne, à première vue, qu'il est à l'usage d'un seul homme ou d'une seule famille. Plus l'aspect de cette maisonnette isolée sera champêtre, plus heureusement il contrastera avec la recherche obligée des abords de l'habitation principale, « tout en projetant à une très-grande distance l'idée de cette habitation. » C'est Whately qui, le premier, a fait cette remarque ingénieuse dont nous avons plus d'une fois constaté la justesse. Seulement, comme depuis l'origine du monde le mal est toujours près du bien, nous prêcherions volontiers une croisade contre ces constructions bâtardes improprement nommées châlets, choquant amalgame des styles les plus opposés, dont la mode est devenue si générale depuis quelques années, et qui nous feraient volontiers regretter les temples et les pagodes d'autrefois. Nous ne connaissons rien de plus choquant, de plus disgracieux, que ces édifices si communs, surtout dans la banlieue de Paris, construits en briques et pierres de taille. Sous une toiture allongée et surbaissée, modèle emprunté aux châlets du Jura, s'embusquent des créneaux et des poivrières gothiques, avec escalier à l'extérieur et balcon circulaire à balustrade découpée, et porte à ogive ouvrant sur une verandah. Nous pourrions citer d'autres exemples non moins choquants de ces fantaisies disparates, dont le moindre défaut est l'excessive dépense,

Potager et verger. — La liaison du verger et même du potager aux détails de pur agrément est une des conséquences les plus naturelles de cette tendance si développée de nos jours d'associer l'utile au pittoresque. Sous ce rapport, il faut bien le dire, nous sommes assez en arrière de nos voisins d'Outre-Manche. On ne s'entend nulle part comme en Angleterre à orner et à disposer les vergers pour la promenade. L'agencement pittoresque des arbres utiles, et même leur adjonction dans certaines expositions favorables aux plantations d'agrément, constituent un détail particulier de décor paysager, à peine pressenti jusqu'à ce jour, et qui peut donner lieu à d'intéressantes applications, même dans des propriétés de la plus médiocre étendue. Nous avons remarqué avec plaisir que les auteurs des plus récents ouvrages publiés sur l'art des jardins, notamment Kemp et Mayer, se préoccupaient sérieusement de cette fusion de l'agréable avec l'utile.

L'auteur de la *Théorie des Jardins*, ennemi juré de la symétrie, la proscrivait jusque dans les potagers et les vergers. Il soutenait que dans bien des circonstances, un arrangement irrégulier des légumes et des arbres à fruit, était non-seulement plus agréable, mais plus avantageux sous le rapport économique. Bien que la méthode contraire ait continué à prévaloir jusqu'ici, ces observations de Morel nous ont paru utiles à recueillir.

« Le légumier, dont l'aspect est si froid, dont la distribution ordinaire est si peu favorable à ses productions... pourquoi n'attirerait-il pas mon attention sous ce rapport de l'agrément. Il me semble qu'il peut, ainsi que tout autre objet, présenter un objet intéressant par sa disposition. Ce qui dépare cette culture, ce sont les allées larges et inutiles qui la découpent en petits carrés ; ce sont les arbres fruitiers et les plates-bandes qui l'enveloppent et lui portent préjudice. Ce sont surtout les murs dont on l'environne de toutes parts, c'est le cadre qui l'attriste et en fait une partie isolée, et sans liaison avec le site dans lequel elle se trouve placée. Cette opposition entre le potager et les sites qui l'environnent, ne saurait provenir du tableau même de cette culture, qui réunit une verdure soutenue et une grande diversité de productions, à une grande végétation sans cesse en activité, fruit d'un travail journalier. Le goût et la facilité de la culture, décideront de la forme de mon légumier ; la qualité du sol et l'exposition convenable lui assigneront sa place ; le buissonnier d'arbres à fruits, que j'appelle le verger cultivé, ne sera pas confondu avec les légumes, mais séparé et placé à l'abri des vents. Ces arbres étant ainsi groupés par espèces ; le jardinier, pour les soigner, ne sera pas obligé de perdre ses pas et son temps à parcourir tous les points d'un grand espace sur lequel on a coutume de les éparpiller.

D'un coup d'œil il apercevra l'arbre qui réclame sa main. Les espèces étant ainsi rassemblées, au temps de leurs fruits, la récolte se fera sans embarras et à propos. Enfin j'aurai de grands arbres, là où les murs seront inutiles, parce qu'ils font un meilleur abri. » Cette judicieuse observation, faite pour la première fois par Morel, lui a été souvent empruntée par les horticulteurs Anglais. « Si je veux avoir des arbres en espalier, dit-il encore, je construirai des murs dans la position la plus favorable; mais je n'aurai pas des espaliers parce que j'ai des murs de clôture; rarement ces murs d'enceinte sont exposés de manière à remplir ce but. Les gros légumes, qui ont moins besoin d'arrosement, auront leur place dans la partie la plus élevée du terrain; les plantes les plus délicates seront dans le bas, ordinairement plus frais, plus à portée des eaux dont elles ont journellement besoin. Les sentiers n'auront de largeur que celle que demande la facilité de la culture. Mon potager ainsi distribué, tout le terrain sera mis à profit, je n'en perdrai pas par de fastidieux compartiments et d'inutiles allées. Cet ensemble de verdure, dont la forme ne sera pas un carré entre des murs, mais où sera donné le mouvement naturel du terrain et les facilités de la culture, flattera l'œil par le spectacle d'une riche et vigoureuse végétation non interrompue. Ces dispositions, différentes de celles qui suit l'aveugle routine, plus agréable comme effet, seront aussi mieux entendues sous le rapport de l'utilité. Elles ménageront le terrain, épargneront les bras et feront gagner du temps. »

Dans la seconde édition de son ouvrage, publiée en 1802, Morel insiste énergiquement sur ces avantages de l'application du style irrégulier à l'horticulture utile.

« Les arbres fruitiers destinés à former des vergers, plantés, suivant l'usage ordinaire, en quinconce sur une prairie naturelle, y sont distribués de la manière la plus désavantageuse pour eux et pour la prairie. Ces arbres, ainsi espacés, s'élèvent moins qu'ils ne s'étendent; leurs branches finissent par se rapprocher, et par ombrager la totalité du terrain sur lequel ils sont isolément et également répandus. Alors l'herbe, sous leur ombre perpétuelle, y est rare et ne saurait mûrir. Mais que les arbres soient groupés, que les groupes plus ou moins forts soient espacés de manière à laisser entre eux de grandes clairières; dans cette disposition les arbres donneront du fruit en plus grande abondance, et l'herbe gagnera en qualité et en quantité. En effet... l'ombre que projettent les groupes étant passagère, l'herbe ne subit la fraîcheur et l'humidité que par intervalles, et non d'une façon continue, comme il arrive quand les arbres couvrent toute la surface. Cette impression momentanée d'humidité est favorable à la densité de l'herbe, et l'action alternative du soleil vient ensuite échauffer le sol, mûrit les plantes et n'a pas le temps de les sécher. Voilà ce que cette méthode a d'avantageux pour la prairie, voici ce que les arbres y gagnent. La disposition en groupes est le meilleur moyen de les préserver des froids tardifs du printemps, des brouillards malfaisants qui altèrent les fleurs à peine écloses des sujets les plus hâtifs, et font avorter le fruit. Il ne s'agit que de mettre les plus tardifs en opposition à ces vents destructeurs.... Ces arbres ainsi rassemblés se défendent mieux aussi contre les vents violents de l'automne. Enfin, ainsi groupés, et néanmoins espacés convenablement entre eux, ils s'arrangent ensemble sans se nuire ; ceux qui sont à la circonférence étendent librement leurs branches à l'air et à la lumière ; et ceux du centre s'élèvent pour aller chercher ces mêmes secours. »

Cette méthode ingénieuse de plantation des vergers et des potagers mérite d'être plus connue ; nous en avons nous-même expérimenté l'utilité et l'agrément.

Indications générales. Pour créer un grand parc, il faut procéder, sur une plus grande échelle, d'après les mêmes principes que pour la création d'un jardin. On doit de même réserver des percées, ne faire de plantations que sur les bords, les disposer en masses, en groupes, avec des ouvertures et quelques arbres isolés sur le devant. On peut employer dans les parcs des espèces d'arbres, d'arbustes et de plantes moins recherchées que dans les jardins, et y prodiguer moins les arbres verts. Les plantations d'un grand parc devront naturellement avoir une densité plus grande. Il importe que leur aspect tende insensiblement à se confondre avec celui de la contrée environnante, et, pour cette raison, les plantes exotiques seraient déplacées dans les parties les plus éloignées de l'habitation. On emploiera avantageusement les épines, ainsi que les diverses variétés de houx, à former les bordures des massifs; dans les herbages pâturés, elles serviront à préserver les jeunes arbres de l'atteinte des bestiaux. « On peut aussi, pour le même objet, faire usage des sureaux, dont l'odeur et l'amertume écartent le bétail encore mieux que les épines.

Quand on défriche une portion de bois pour l'arranger en parc, il faut avoir soin de réserver çà et là, surtout dans les parties les plus écartées, quelques touffes de bruyères ou de fougères; on retiendra ainsi quelque chose du caractère forestier. Dans les endroits où croît facilement le mélèze, et ce sont précisément les plus secs et les plus arides, on pourra en former des groupes avec avantage.

Quand on conserve des buissons, il faut avoir soin

de laisser les branches arriver librement jusqu'à terre; ils servent alors, quand ils sont mélangés à des groupes d'arbres, à varier les contours, à les adoucir.

Les espèces d'arbres les plus propres à composer, sous notre latitude, les masses principales d'un parc, sont : le bouleau pleureur, le marronnier d'Inde, le frêne commun et à fleurs, le tilleul de Hollande à grandes feuilles et celui à feuilles argentées, le catalpa, le hêtre ordinaire et à feuilles pourpres, les diverses variétés d'érables, notamment le sycomore, l'érable jaspé, le *negundo* ordinaire et celui à feuilles panachées, charmante variété dont on a fait si heureusement usage dans les promenades de la ville de Paris; les vernis du Japon, les marronniers et autres arbres d'Amérique à feuilles rougissantes en automne, les diverses variétés de peupliers, le platane, trop peu employé et d'un effet magnifique en groupes isolés, le bouleau, arbre commun, mais singulièrement ornemental par la flexibilité gracieuse des branches et la blancheur du tronc; l'aune à feuilles en cœur, qui a le double avantage de croître rapidement et de conserver longtemps ses feuilles. Enfin le châtaignier, et surtout le chêne, comptent parmi les plus beaux ornements des grands parcs aussi bien que des forêts. Leur seul défaut est la trop grande lenteur de croissance; mais les sujets adultes qui se rencontreraient sur le terrain confié au dessinateur, devront être soigneusement réservés et mis en évidence. Cette règle, au surplus, est applicable aux beaux arbres de toute espèce; aucun ne doit être sacrifié sans de très-fortes raisons.

Parmi les conifères (1), nous recommandons *l'epicea*, auquel on rendrait plus de justice s'il était moins commun; le cèdre du Liban, qui soutient dignement sa vieille réputation; ceux de l'Himalaya, de l'Atlas, *l'abies* espagnol (*pinsapo*), qui au rebours de bien d'autres variétés embellit beaucoup en grandissant; le *Sequoia*, dont on peut dire tout le contraire; le *Thuya gigantea*, le *Thuyopsis borealis*, arbre qui produit un effet splendide, planté isolément sur une pelouse; les pins d'Autriche, d'Ecosse, de lord Weymouth, *l'abies morinda*, le *Crytomeria*, le *Cupressus Lawsoniana*. Avec ces espèces, toutes très-rustiques, on peut composer les scènes les plus variées. En premier plan, on emploiera avantageusement, comme arbres de seconde grandeur; les diverses variétés de *Juniperus*, l'*Abies nigra nana*, les *Thuyas* de différentes nuances, etc. (fig. 29.) Au rebours de nos espèces indigènes, plusieurs conifères exotiques, mais susceptibles de vivre sous notre

(1) *De Kirwan. Les Conifères*, 2 vol. in-18 illustrés de nombreuses gravures. Prix : 5 fr., J. Rothschild, éditeur.

latitude, préfèrent les terres fraiches aux sablonneuses.

Il faut apporter autant de soin et d'attention à la plantation d'un parc qu'à celle d'un jardin. On se laisse souvent entrainer, de nos jours, à trop multiplier les arbres et les arbustes isolés, au détriment de l'ensemble. Les ouvertures, les percées doivent être nettes et disposées de manière à produire un effet agréable, de la maison et des principales allées. Il faut que ces percées se continuent par delà les limites, au moyen de sauts de loup entourés de buissons en contre-bas. Les arbres isolés, intéressants à rencontrer et à considérer individuellement dans un parc, pour la beauté de leur port, du feuillage ou des fleurs, ne doivent pas être trop détachés. Il faut toujours que, vus à une certaine distance, ils semblent se relier à quelque massif.

Les plantations qui semblent généralement le mieux appropriées aux prairies sont les massifs de deux à douze ou quinze arbres, disposés d'une manière irrégulière. Souvent, quand sept ou huit arbres semblables, tels que les bouleaux pleureurs, mélangés à d'autres espèces, croissent en toute liberté, leurs tiges se contournent et prennent les aspects les plus bizarres et les plus heureux. Si l'on recherche dans les lignes d'un jardin une certaine régularité, on peut admettre plus de hardiesse et de fantaisie dans les contours d'un parc. On obtient ainsi une plus complète fusion d'aspect avec les alentours. On devra donc s'efforcer de disposer la décoration du parc selon le caractère général du pays, afin qu'il semble bien en faire partie.

Les allées de ceinture, destinées à fusionner les diverses parties d'un domaine, offrent de grandes ressources au dessinateur. Dans la traversée des terrains cultivés, des pâturages, elles ne réclament pas autant d'art dans leurs lignes que dans les parties plus voisines de l'habitation ; les courbes doivent être plus naturelles, les bords moins soigneusement alignés. Elles devront être tantôt ombragées, tantôt découvertes dans les endroits où la vue offre le plus d'intérêt. Des siéges disposés aux meilleures places, quelques touffes de rosiers ou autres fleurs ou arbustes vivaces, même quelques groupes d'arbres fruitiers, ajouteront aux agréments de cette promenade. On peut aussi disposer sur le passage quelques pépinières, des collections de conifères ou de rhododendrons. Si l'allée est suffisamment longue, il ne faut pas négliger l'effet de petits épisodes, comme quelques rochers couverts de plantes grimpantes, un petit vallon, un étang avec quelques plantes ou quelques oiseaux aquatiques. Mais un herbage doit surtout être vivifié par la présence du bétail.

La meilleure disposition d'une propriété un peu considérable est encore celle qu'indiquait Bacon il y a deux siècles : avant-parc où dominent les pelouses découvertes, ornées de bouquets d'arbustes et d'arbres isolés d'un port agréable; jardin de plaisance (le *pleasure ground* anglais) encadrant les abords immédiats de l'habitation, et pour lequel on réserve d'habitude les arbres exotiques, les feuillages exceptionnels et les corbeilles de fleurs cultivées; enfin, le parc proprement dit, où le rôle principal appartient aux plantations par grandes masses, aux fleurs et arbustes vivaces; le tout relié par l'allée de ceinture. Les anciennes avenues de grands arbres, qu'il ne faut jamais sacrifier à la légère, forment encore l'arrivée la plus convenable pour les habitations d'un aspect monumental, et sur des terrains unis. Mais, dans les créations nouvelles, on préfère utiliser une fraction du parcours de l'allée de ceinture, à moins que l'étendue de la propriété n'autorise une direction spéciale. Il faut, dans l'un et l'autre cas, suivre franchement le système irrégulier adopté en principe; éviter par conséquent la perspective immuable ou même trop prolongée de l'édifice; ne le laisser voir que par échappées, si même on ne préfère en réserver la surprise entière pour l'abord immédiat. On se règle à cet égard d'après la nature du terrain, et le plus ou moins d'agrément que peut offrir la perspective lointaine de l'habitation.

Gazons, pelouses, herbages. — Suivant MM. Decaisne et Naudin, « les pelouses diffèrent des gazons proprement dits, en ce que l'herbe, moins choisie, y devient plus haute, et qu'on leur donne des soins moins assidus. Le gazon, plus raffiné et mieux entretenu, est fait pour être vu de près ; la pelouse gagne à être vue d'une certaine distance, ce qui suppose toujours une certaine étendue. » L'herbage, pelouse naturelle, où l'influence de l'art doit être encore plus soigneusement dissimulée, forme le dernier terme de cette progression.

Le choix et la proportion des graminées les plus propres à l'établissement des gazons, pelouses et herbages, varient sensiblement suivant le climat et la nature des terrains. M. Decaisne signale de préférence la fétuque des moutons (*festuca ovina*), et les espèces voisines (F. *rubra, duriuscula*), puis le paturin des prés (*poa pratensis*), la fléole (*phleum pratense*), le cynosure, la flouve odorante, l'ivraie vivace ou ray-grass, les agrostides. Il repousse les brômes et autres graminées trop fortes, qui occasionnent presque toujours des lacunes désagréables. Le même motif doit faire écarter des *gazons* les plantes à fleurs même utiles, comme le trèfle. Mais cette règle ne concerne pas les pelouses d'une certaine étendue, qui ne réclament pas la même continuité uniforme d'aspect. Le trèfle blanc, surtout, y est d'un bon usage et d'un effet agréable.

Nous empruntons à l'ouvrage de M. Alphand les renseignements qui suivent, sur la composition des semis de la plupart des pelouses du bois de Boulogne. « On a semé, par hectare, environ 250 kilog. du mélange suivant : Ray-grass, 40 kil. ; Brôme des prés, 10 kil. ; Fétuque traçante, 10 kil. ; Fétuque ovine, 15 kil. ; Cretelle des prés, 5 kil. ; Flouve odorante, 2 kil. Les terrains siliceux du bois étaient singulièrement défavorables à cette transformation ; ils ont été amendés à l'aide de détritus de l'ancienne forêt et d'apports de terres argileuses, empruntées à la plaine de Longchamps, et réclament des irrigations fréquentes. Dans les parties les plus arides, on a employé avec succès une autre composition, le *lawn-grass*. Ces détails sont aussi encourageants qu'instructifs ; ils prouvent qu'avec de l'habileté et de la persévérance, on peut imposer la verdure aux sols les plus réfractaires.

Réhabilitation partielle du style classique. — Nous croyons que généralement le style de cette habitation doit se refléter dans une certaine mesure sur les alentours. En d'autres termes, nous pensons, nonobstant les déclamations déjà surannées des détracteurs à outrance du style dit français, que son application est parfaitement rationnelle autour des châteaux réellement construits à l'époque où l'on ne comprenait que les jardins réguliers, et même autour des châteaux modernes construits à l'imitation de ceux-là. Cet usage modéré de la symétrie nous paraît surtout d'une nécessité presque absolue dans les jardins en terrasse, et il semble qu'on pourrait employer utilement les immenses conquêtes de l'horticulture moderne en plantes à feuillage ornemental, coloré, en passiflores, en fougères, à atténuer la monotonie tant reprochée jadis au style régulier. Ainsi, beaucoup de belles plantes de serre à feuillage, comme les *Agaves*, les *croton*, les *dracæna*, les *Begonia* (fig. 21) peuvent figurer avec avantage dans les vases qui ornent les terrasses.

On pourra aussi égayer l'aspect des majestueuses avenues de l'ancien style, en reliant les arbres par des festons de lierre et d'autres plantes grimpantes, ce mode de décoration a été heureusement appliqué, il y a peu de temps, à l'allée de platanes du Luxembourg, en avant de la fontaine de Médicis.

La possibilité de cette réhabilitation partielle du système classique, entrevue de nos jours par quelques artistes habiles, a été soutenue catégoriquement par le prince de Pückler-Muskau, un véritable maitre dans l'art des jardins pittoresques. Il va même jusqu'à soutenir que ce genre régulier est peut-être le seul convenable dans les pays où il a pris naissance et s'est développé; qu'en Grèce et en Italie, où la nature est en général si gracieuse; en Suisse, où elle se fait si terrible, la prétention de concentrer des beautés si multipliées, si intenses, devient d'une outrecuidance ridicule. Cet éclectisme paysager, dans lequel consiste l'art moderne, ne lui paraît donc convenir qu'à nos froides régions du nord, où la nature est plus avare de ses prestiges. « Dans ces belles contrées méridionales, dit-il, nos plantations pittoresques ne sont, pour ainsi dire, qu'un hors-d'œuvre. C'est, à mon avis, comme si, dans un coin d'une belle toile de Claude Lorrain, on voulait ajouter encore un petit paysage à part. » Cette réhabilitation de l'ancien style régulier par un des maîtres de l'art moderne a exercé une influence visible sur la grande horticulture, principalement en Allemagne et en Angleterre. Elle a contribué à y faire prévaloir l'emploi du genre mixte, symétrique aux abords immédiats de l'habitation, irrégulier dans le reste du domaine. C'est une manière de compromis pareil à celui du régime parlementaire et de la démocratie. La grande difficulté, en horticulture comme en politique, réside dans l'arrangement de la région limitrophe, où doivent s'harmoniser et se confondre les deux *pou-*

voirs, nous voulons dire les deux genres opposés.

Des eaux. — Nous avons donné précédemment, sur ce sujet important, des indications facilement applicables aux grands parcs, dans des proportions plus étendues. C'est une des parties les plus difficiles des jardins irréguliers : là surtout, la nature se montre rebelle au travail de l'homme. La création d'une cascade, d'un étang ou d'une rivière demande à la fois des connaissances pratiques très-approfondies, beaucoup de goût et d'imagination, pour éviter tout effet banal ou affecté, et donner à ce genre de travaux un caractère à la fois poétique et durable. Mayer étudie successivement l'allure des cours d'eau dans les montagnes,

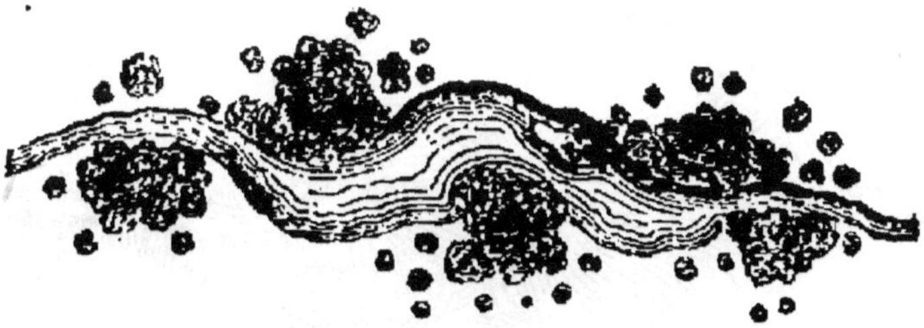

Fig. 13.

dans les vallées et dans les grandes plaines, où elle est généralement moins pittoresque et moins digne d'être imitée. Il donne aussi d'excellents conseils sur la manière de motiver, par des exhaussements opportuns de terrain, des courbes brusques qui, tout en ménageant l'espace, donnent à la marche des eaux le charme de la surprise;

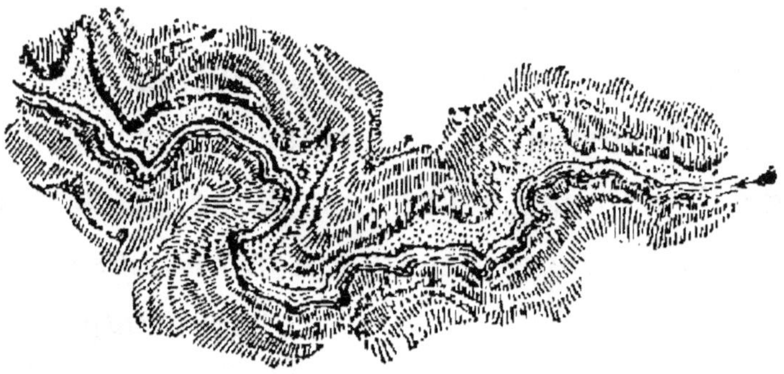

Fig. 14.

et sur les artifices de plantation, qui procurent et entretiennent la variété.

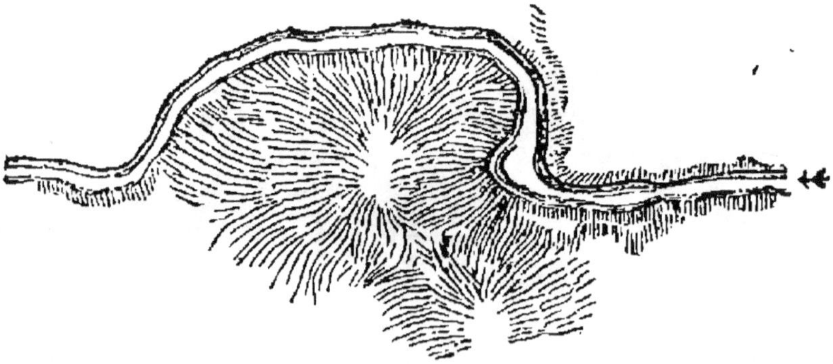

Fig. 15.

Nous croyons devoir joindre à ces figures élémentaires celle d'un lac artificiel emprunté à Kemp, et qui nous paraît bien conçu.

Cet auteur recommande de ne pas encaisser les

cours d'eau trop profondément, ce qui leur ôterait de la transparence et en déroberait la vue. La forme des îles factices, l'escarpement et la composition de leurs bords doivent se régler d'après la rapidité plus ou moins grande du courant. Le prince Pückler-

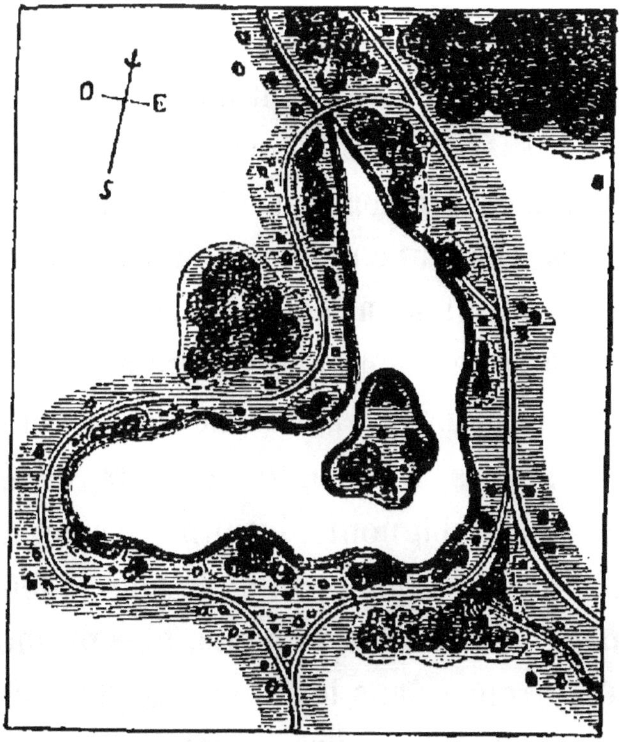

Fig. 16.

Muskau a donné aussi des indications pratiques fort utiles sur ce sujet délicat. Il engage notamment à multiplier les plantations dans ces îles, et généralement sur les rives des ruisseaux, des pièces d'eau, car « c'est surtout dans les lignes sèches que la nature est difficile à contrefaire. »

Nous avons peu de chose à ajouter à ce qui a été dit au sujet des ponts dans notre autre volume. Dans les grands parcs, aussi bien que dans les propriétés de moindre étendue, les ponts en bois rustique seront toujours préférables à ceux en bois ouvragé ou en fonte. Si toutefois on tient absolument à ces derniers, à cause de leur solidité, il faut du moins que leurs lignes maigres et anguleuses disparaissent sous un épais rideau de passiflores. On peut employer là avec succès le lierre, surtout celui d'Irlande, aux larges feuilles d'un si beau vert; la vigne-vierge, dont le feuillage prend des teintes si riches en automne, et, si les abords du pont ne sont pas trop ombragés, les plantes à fleurs, comme aristoloche, clématite, bignonia, jasmin, glycine, les diverses variétés de rosiers grimpants, de chèvre-feuille, etc.

La plupart des modèles de ponts, plus ou moins *rustiques*, qu'on trouve dans les ouvrages anciens et modernes, ne brillent pas précisément par la variété. Nous avons vu un essai fort original dans ce genre, un *pont végétal*, exécuté par un dessinateur d'un vrai génie, Duclos, dont nous dirons quelque chose à la fin de cet ouvrage. Au lieu de fonte ou de bois ouvragé, il avait employé, pour les balustrades de son pont, de jeunes osiers dont il avait recourbé et piqué en terre les cimes, qui avaient repris de bouture, tandis que les tiges, ainsi ployées en arc, se couvraient, dès la première saison, de nombreux jets verticaux. L'effet de ce décor purement végétal était bizarre, et pourtant gracieux.

Dans le grand ouvrage de Hirschfeld, qui contient bien des renseignements curieux et utiles, malheureusement noyés dans une foule d'amplifications ridicules, nous avons remarqué deux modèles de ponts, qui ont aussi le mérite de différer essentiellement des types or-

Fig. 17.

dinaires, et que nous reproduisons ici, parce qu'ils ne conviennent qu'à de grandes propriétés.

Le premier, en forme d'escalier rustique, pourrait être d'un heureux effet dans un emplacement accidenté, où l'une des rives serait sensiblement en contre-bas de l'autre.

L'autre simule une voûte naturelle en pierres et en gazon, et ferait bien au milieu d'un paysage rocailleux. On remarque, à gauche, une indication assez originale et dont on pourrait tirer parti; celle d'une source jaillissant sous la voûte même du pont. L'artiste, en surélevant cette voûte, a voulu évidemment rappeler le mode de construction des ponts que l'on rencontre à chaque pas sur les cours d'eau d'un régime torrentiel. Les cavités pratiquées sous les abords de celui-là pourraient être utilisées pour l'installation d'une glacière.

Fig. 18.

Ces deux modèles, très-dignes d'être étudiés et reproduits avec des variantes, sont de l'invention de Brandt (1).

Loges à l'entrée des parcs. — Kemp a consacré à cet objet un chapitre fort judicieux. Le style et l'importance de ces constructions doivent être, comme il

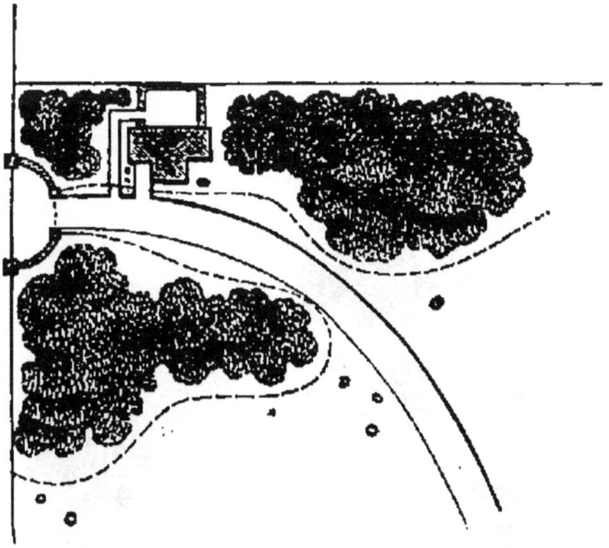

Fig. 19.

le dit, en harmonie avec l'habitation principale, et aussi, ajouterons-nous, avec la nature particulière des alentours immédiats de la loge, si elle est à une grande distance du château. La forme de la grille, celle de l'entrée doivent aussi être prises en considération. La

(1) Les ponts suspendus en fil de fer, dont on commence à se rebuter même dans l'usage civil, doivent être absolument bannis des jardins d'agrément. On peut au contraire y admettre les petits bacs, faciles à manœuvrer par une seule personne.

simplicité, on ne saurait trop le redire, est ce qui convient le mieux à ce genre de constructions. Quelques massifs de fleurs et d'arbustes doivent en orner les abords; des plantes grimpantes devront garnir les murs et les rampes extérieures. A cette occasion, M. Kemp donne plusieurs plans de loges exécutées

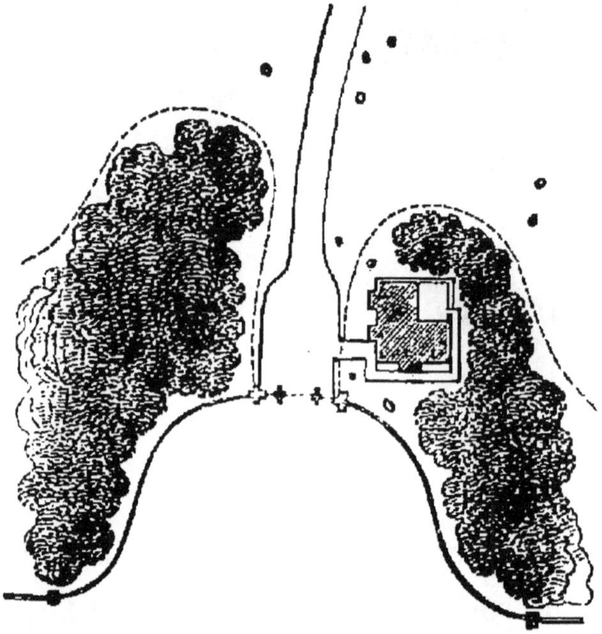

Fig. 20.

d'après ses conceptions. Nous reproduisons les deux qui nous paraissent le mieux réussies. La première convient pour une propriété de moyenne étendue, l'autre se rapporte évidemment à un domaine beaucoup plus considérable.

Plantation. Là est le triomphe ou l'écueil suprême

du dessinateur. L'harmonie entre les formes et les natures diverses des arbres, entre les nuances des feuillages, est une étude inépuisable, mais dans laquelle les plus habiles peuvent se tromper. Là aussi, toutefois, certains principes généraux peuvent épargner de graves erreurs, et mettre au moins sur la route du succès.

Le premier de tous est un respect indolâtre pour les beaux et vieux arbres. « La main de l'homme est prompte et forte pour détruire, lente et débile pour recréer. Ni les Crésus, ni les Alexandre, ne sauraient rétablir dans sa majesté le chêne que dix siècles avaient respecté. » Sans doute, dans les rares parages où les grands arbres abondent encore, il est parfois indispensable d'en sacrifier quelques-uns pour en mettre en évidence d'autres plus beaux, démasquer un point de vue remarquable ou l'aspect d'une pièce d'eau. Mais une absolue nécessité peut seule justifier de telles mesures, et c'est faire acte de bon goût que de porter jusqu'aux dernières limites l'audace de la transplantation pour des arbres très-forts qu'il faudrait absolument déplacer. Ce sujet (la transplantation), est d'un intérêt majeur. Nous y reviendrons, au point de vue pratique, dans la dernière partie de ce volume, à propos des promenades de Paris.

Nous rappellerons encore, comme susceptible d'une

application fréquente, sinon absolue, le précepte, bien connu des gens de l'art, d'un célèbre dessinateur anglais : « Ne plantez jamais un arbre isolé, sans lui donner un buisson pour compagnon et pour protecteur. » On est sûr notamment d'obtenir un effet agréable, en associant au feuillage d'arbres verts de teintes sombres, des touffes de chèvre-feuille, de rosiers *banks*, de sureaux, qui égaient tour à tour de leurs grappes de fleurs ces compagnons sévères. C'est aussi une règle généralement admise de composer la majorité des plantations d'arbres et d'arbustes du pays, et de réserver les productions exotiques, même de pleine-terre, pour les groupes isolés, et principalement pour les emplacements les plus rapprochés de l'habitation ou des serres. C'est d'ailleurs le meilleur moyen de mettre à l'essai les variétés nouvelles, de connaître leurs qualités et leur tempérament. D'habiles horticulteurs, et notamment M. Decaisne, ont conçu, à l'encontre de ces importations exotiques, une aversion qui semblerait justifiée par d'éclatants mécomptes, et aussi par l'abus qu'on a fait quelquefois de certaines variétés d'arbres à feuilles panachées. Il est certain que ces produits du caprice maladif de la nature sont souvent d'un médiocre intérêt; l'acheteur, qui les paye fort cher, est exposé à les voir demeurer malingres et rachitiques, ou se confondre en grandissant avec les espèces ordinaires. Toutefois, une exclusion absolue des arbres et arbustes susceptibles de s'acclimater chez nous semble bien rigoureuse. Si l'on avait toujours procédé ainsi, nous ne compterions parmi nos arbres fruitiers ni le cerisier, ni le pêcher; nous aurions repoussé des arbres utiles et agréables, qui s'accommodent à merveille de notre climat, comme l'acacia-robinier, le sophora, le magnolia, et même le peuplier de Lombardie, qui peut faire bonne figure dans les massifs de haute futaie, bien qu'on en critique l'emploi dans les avenues, où il produit, suivant un célèbre dessinateur, l'effet d'une file de grenadiers au port d'armes. Nous ne saurions non plus regretter l'introduction récente d'un grand nombre de conifères robustes bien qu'exotiques, dont les teintes variées tranchent agréablement sur celles généralement plus sombres de nos arbres verts d'Europe.

La combinaison des feuillages est un des sujets sur lesquels il est le plus difficile de donner des règles fixes, et qui font le désespoir des artistes. Plusieurs, et des plus habiles, ont loyalement reconnu qu'ils avaient manqué échouer parfois dans des dispositions laborieusement combinées, et qu'en revanche ils avaient reçu force compliments à propos d'effets qu'ils n'avaient ni cherchés ni prévus lors de la plantation. Nous voilà bien loin de la confiance naïve du bon Hirschfeld, qui donnait imperturbablement des recettes pareilles aux formules du *Codex* pour fabriquer à volonté des scènes de printemps, d'été, d'automne ou d'hiver, mélancoliques, amoureuses ou terribles! Ici, comme presque toujours, la variété est entre les extrêmes. Il est difficile, mais non impossible, de créer, par le seul mélange de diverses plantations, des scènes caractéristiques, des impressions parfois saisissantes. On peut, par exemple, tirer un grand parti des reflets prévus par le soleil sur des feuillages exceptionnels, comme celui des arbres ou arbustes pourpres; sur des troncs élancés d'une nuance particulière, comme les tiges blanches du bouleau ou les tiges blondes des platanes, apparaissant à travers un rideau diaphane de feuilles ordinaires, ou la pénombre d'une futaie. On peut également combiner d'avance des effets véritablement féeriques en plaçant aux angles des massifs, aux endroits les plus exposés aux vents, des arbres à feuilles bicolores, comme le tilleul à feuilles argentées ou le genevrier-cèdre (*oxycedrus*), qui donnent d'étonnants reflets de lumière en ondulant au gré de la brise. Nous avons vu aussi des dispositions fortuites ou préparées d'arbres à feuillages légers, pointant au-dessus ou apparaissant à la suite de masses d'un vert sombre, simuler à s'y méprendre des prolongations de perspective, surtout quand ces cimes aériennes s'éclairaient des premiers rayons du soleil levant ou se coloraient des derniers feux du soir. Mais, pour arriver à de semblables résultats, il faut s'affranchir des lois banales du poncif paysager, tenir compte de l'orientation des arbres, des nuances d'allures que manifestent les différentes espèces juxtaposées, des diverses teintes dont elles s'affectent, suivant les saisons. Il faut, pour donner ces touches magistrales, non-seulement de l'expérience et du calcul, mais un instinct divinatoire fort semblable au génie, instinct rare, même chez les artistes spéciaux.

Conduite des allées. — Nous avons donné dans notre premier volume d'autres détails essentiels, que nous ne pourrions que répéter ici, sur la composition d'un jardin paysager grand ou petit, notamment sur le vallonnement des pelouses, travail au moyen duquel on peut obtenir des agrandissements factices de perspective d'un réel intérêt ; et sur un objet non moins important, la conduite des allées. Il faut, dans une propriété bien conçue, que toutes « emmènent et ramènent, sans répétition des mêmes objets, ou en les montrant sous d'autres points de vue. » Ce principe s'applique aussi bien aux sentiers de détail qu'à la grande allée de ceinture : chacune doit avoir, pour ainsi dire, sa raison d'être spéciale, et concourir à l'unité de l'ensemble. Le tracé de deux allées voisines doit, en conséquence, être calculé de telle sorte qu'elles demeurent absolument distinctes dans tout leur parcours, par suite de l'ondulation du terrain et de l'agencement des massifs. On doit éviter soigneusement la trop grande multiplicité des allées, le parallélisme, les inflexions trop brusques sans motifs suffisants.

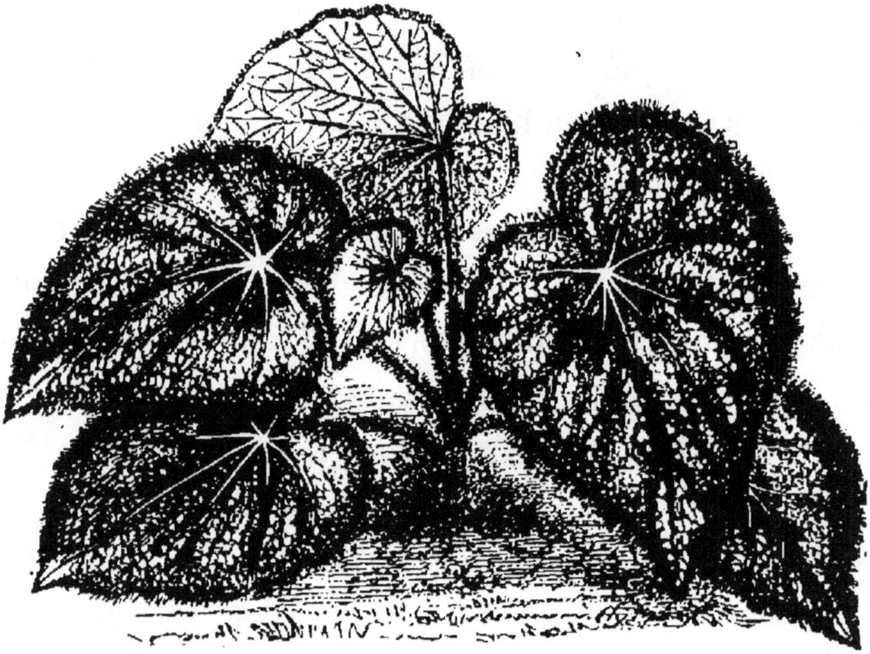

Fig. 21. BEGONIA (Voir page 113).

TROISIÈME PARTIE

CRÉATIONS MODERNES.

Parcs anglais. — Bien des notions théoriques et pratiques sont indispensables au véritable artiste horticulteur. Il devrait posséder à fond toutes les connaissances dont son art n'est que le raffinement, être agronome, géologue, botaniste, architecte, dessinateur et géomètre. Et ce n'est pas tout, car cet ensemble de connaissances positives n'est encore à l'art des jardins que ce qu'est le travail préliminaire du praticien à celui du statuaire. Pour donner la vie et le mouvement à l'œuvre « mise au point, » le créateur de jardins doit être de plus, au moins dans une certaine mesure, peintre, philosophe, littérateur et poète. Aussi, il est permis de s'étonner qu'une profession qui réclame la réunion de tant d'aptitudes diverses ait été longtemps si peu encouragée, surtout en France. Hier encore, c'était à peine si nous connaissions les noms de nos dessinateurs les plus habiles, à plus forte raison ceux des pays étrangers. Il n'en était pas de même en Angleterre, où les noms des frères Repton, Kennedy, Nash, Paxton, Loudon, Kemp, etc., sont entourés depuis longtemps d'une considération méritée. On peut se faire une juste idée de la physionomie des plus beaux parcs anglais actuels en feuilletant le gigantesque album de Brooke, récemment publié, ou l'ancien ouvrage de Loudon. Plusieurs belles propriétés, déjà célèbres dans le dernier siècle, notamment Blenheim, Twickenham, Claremont, Kensington et Kew y soutiennent dignement leur réputation. On peut citer, comme modèles achevés de plantations, celles de lord Darnley à Cobham, Hampton Court, Chiswick, Chatsworth, et de Virginiawater à Windsor, dont le feu roi Georges IV était si jalousement amoureux, qu'il les avait fait entourer d'une triple enceinte, pour en dérober même la perspective la plus lointaine aux profanes regards. Le prince Albert, de regrettable mémoire, était aussi un amateur éclairé et zélé de l'art des jardins, et recherchait particulièrement les conifères. Il en avait acclimaté un grand nombre, dont les spécimens ont été réunis dans le magnifique ouvrage de Lawson, *Pinetum britanni-*

cum (1), véritable monument de typographie et de gravure, érigé à la mémoire du Prince-consort, sous les auspices de son auguste veuve.

Parcs allemands et belges. — L'Allemagne a produit aussi, dans ces derniers temps, plusieurs artistes d'un grand mérite, parmi lesquels on remarque Lenné (mort depuis peu), artiste d'origine française, et son collaborateur Mayer, auteur d'un grand et bel ouvrage sur l'art des jardins, publié en 1859, auquel nous devons plus d'une observation utile.

Nous donnons ici un spécimen des travaux de cet artiste distingué (fig. 22). C'est le plan d'un jardin paysager situé dans le faubourg d'une grande ville. C'est là une de ces situations difficiles dans lesquelles l'artiste, ne pouvant rien emprunter d'agréable à l'aspect du dehors, est forcé de se suffire en quelque sorte à lui-même, obtenant tous ses effets par la disposition harmonieuse des masses, des groupes d'arbres et d'arbustes, et l'habile assortiment des feuillages.

L'habitation A est perpendiculaire à la route, et communique avec elle par deux entrées latérales, reliées par une grille. Le milieu de cette grille est le seul point d'où l'habitation ait vue sur le dehors ; par-

(1) *Lawson Pinctum Britannicum.* Ouvrage de luxe paraissant en livraisons in-folio avec planches en chromo lithographie et texte. En dépôt chez J. Rothschild, éditeur.

tout ailleurs les clôtures sont dissimulées par d'épais massifs, où dominent les arbres et arbustes à verdure persistante.

Un double embranchement, ouvert sur l'allée d'entrée à gauche, facilite l'accès des communs C, séparés de l'habitation par un massif assez épais pour les dissimuler en tout temps. Cette disposition est absolument conforme aux principes exposés dans notre premier volume.

La serre B tient à l'habitation, dont l'ensemble est encadré dans des parterres de style régulier, mais non pareils entre eux. Cette disposition, que M. Mayer paraît affectionner singulièrement, l'a entraîné à pratiquer devant la maison, du côté du parc, une terrasse rectangle, dont l'effet nous paraît moins heureux que celui de la disposition en demi-cercle correspondant à la double entrée, sur la façade opposée.

Tout le reste de la propriété appartient franchement au style irrégulier, et ne mérite que des éloges. On remarquera notamment l'agencement habile de la petite pièce d'eau, côtoyée irrégulièrement par l'allée de ceinture. Elle appartient à la catégorie des eaux dormantes, celles dont l'arrangement pittoresque présente les plus grandes difficultés. Aussi l'artiste s'est bien gardé de les envelopper, d'aucun côté, de massifs continus; il a espacé ses groupes, de façon à laisser un libre jeu aux accidents de la lumière, à ceux de l'air, qui, secondés par les coudoiements multipliés des bords, stimulent incessamment ces ondes paresseuses,

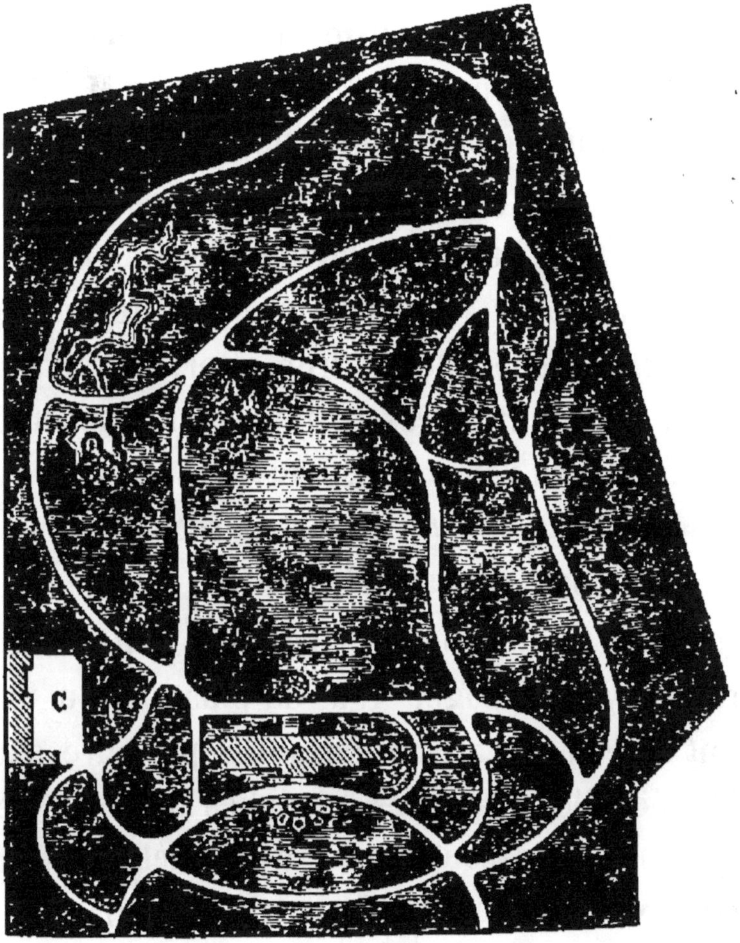

Fig. 22. PLAN D'UN JARDIN PAYSAGER.

et leur donnent presque constamment l'apparence d'une eau courante. On remarquera aussi l'habile direction de l'allée de ceinture, adossée sur la gauche à l'épais rideau de clôture, simulant une forêt, tandis qu'à droite elle s'en écarte suffisamment pour laisser dans l'intervalle des coulées de gazon, parsemées de massifs d'arbres et d'arbustes isolés. Nous regrettons que l'artiste n'ait pas, à l'initiative de M. Siebeck, donné le détail de la composition de cette jolie propriété.

Parmi les plus habiles horticulteurs allemands, nous ne saurions oublier le prince Pückler-Muskau, qu'on ne saurait trop consulter et trop citer, en fait d'horticulture d'agrément. Après avoir promené et exercé dans toute l'Europe sa verve d'observation fine et moqueuse, l'auteur de *Tutti Frutti* s'était consacré tout entier à l'art des jardins. Son parc de Muskau doit être considéré comme un des modèles les plus achevés du vrai et grand style paysager. Il a, de plus, rendu un important service à l'art en faisant reproduire sur une grande échelle, dans des planches d'une exécution très-soignée, non-seulement l'aspect définitif des sites principaux et de l'ensemble, mais la situation antérieure, les travaux préparatoires, les diverses combinaisons essayées, puis écartées comme défectueuses. Cet atlas peut être consulté avec fruit, non-seulement par les hommes de l'art, mais par les propriétaires-amateurs, qui, comme le fait observer avec raison le prince, peuvent être les meilleurs décorateurs de leurs propres domaines, ou du moins les plus utiles auxiliaires de leurs dessinateurs. Après avoir, sur une étendue de 7 à 8 myriamètres carrés, détourné des cours d'eau, défriché et amélioré de vastes landes, transplanté des futaies et des villages entiers, et couronné cette œuvre mémorable en érigeant, sur un des points culminants, un temple à la Persévérance, le prince Pückler-Muskau, quoique déjà avancé en âge, s'est méfié de son besoin incessant d'activité ; il a craint de se laisser entraîner, comme le Titien dans sa vieillesse, à gâter son travail par des retouches incessantes. Il a donc vendu son domaine et en a racheté un autre en Silésie, qu'il s'occupe présentement à transformer. L'ancien parc de Muskau est aujourd'hui sous la direction de M. Petzhold, un des plus habiles jardiniers-paysagistes de l'Allemagne.

Un opuscule publié récemment à Hambourg par un jardinier-paysagiste distingué, M. Jühlke, donne des détails intéressants sur la situation de diverses grandes propriétés de l'Allemagne, dont plusieurs ont été créées ou remaniées à fond par Mayer et Lenné. Celle que l'on considère comme leur chef-d'œuvre, est le très-petit parc de *Monbijou*, près de Berlin, où le caractère de la plantation, mélancolique sans monotonie, est merveilleusement en harmonie avec le tombeau d'une princesse de la famille royale, morte à la fleur de l'ège. Il faut citer ensuite à Berlin le Friedrichs-Hain, le Thiergarten, Charlottenburg et Glienicke; à Hanovre le parc de Herrenhausen; en Saxe, le parc royal de Dresde et [illegible]ui d'Albrechtsberg. Plus au sud, nous signalerons tout particulièrement le parc de Sagan. En Bohême, Prague offre au touriste l'un des plus beaux jardins paysagers qui existent, celui du prince Kinsky, dessiné et planté d'arbres magnifiques sur l'emplacement de l'ancienne forteresse, dont les débris authentiques produisent l'effet le plus pittoresque. Un autre parc allemand des plus remarquables est Eisgrub, domaine patrimonial des princes de Lichtenstein, situé sur les frontières de l'Autriche et de la Moravie. La plus grande partie des terres de ce domaine forme un delta au confluent de deux rivières. Ce delta se compose de dix grandes îles et de six petites, reliées aux deux rives et entre elles par cent cinquante ponts. Tout en déployant la fantaisie la plus gracieuse dans la décoration de ces îles, dont l'une, notamment, est toute couverte de rosiers, l'artiste a dû

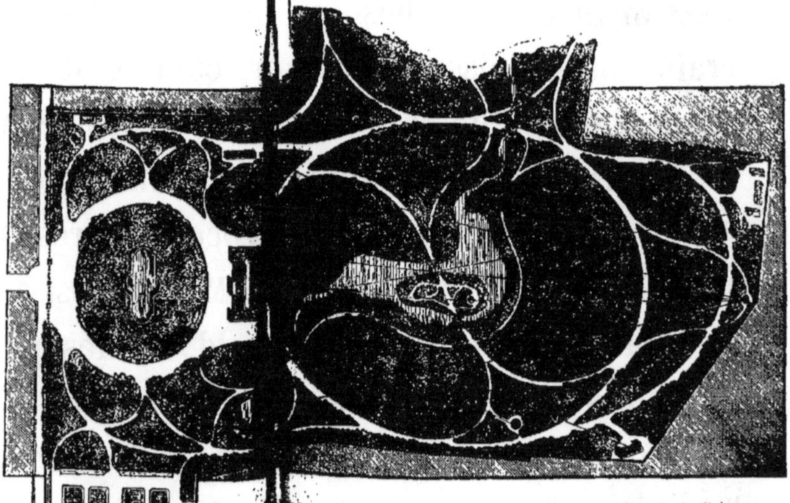

Fig. 2[illegible]DIN PAYSAGER exécuté par M. BARILLET-DESCHAMPS, jardinier en chef [illegible] Ville de Paris (tiré de l'ouvrage de MM. DECAISNE et NAUDIN). (Voyez pages 139 et 141).

respecter certains détails mythologiques conformes aux errements primitifs du style irrégulier, de petits temples dédiés à Diane, à Phébus, à *saint Hubert*, aux Grâces, puis le pavillon chinois de rigueur, celui-là du moins particulièrement intéressant pour nous autres Français, car on y a réuni des tapis et des porcelaines provenant de l'ancien Versailles. De ce pavillon, grâce à la situation exceptionnelle du domaine, on jouit de quatre panoramas distincts sur autant de provinces : la Moravie, le Tyrol, l'Autriche et la Bohême. Eisgrub se recommande encore par la beauté de ses serres, qui ont servi de type au fameux « palais de cristal » des Anglais, et par ses belles plantations d'arbres indigènes ou acclimatés, notamment de chênes d'Amérique. Nous signalerons encore le parc de Jurjavès, près d'Agram (Croatie), dont les plans détaillés ont été publiés récemment. Une inscription intéressante constate que les travaux de ce parc, orgueil de la contrée, et dont la conception première remonte à 1787, ont, pendant une longue suite d'années, fait vivre de nombreux travailleurs. A Vienne M. Jühlke a trouvé le jardinage pittoresque fort en honneur; il y a là, en fait de grands parcs, le Prater Schoenbrunn (en style français), Laxenbourg, Hietzing et le jardin Belvedere. M. Siebeck, l'habile directeur des promenades de la ville, dont la réputation est aujourd'hui européenne, a créé en Autriche, ainsi que dans la Hongrie, un grand nombre de parcs, parmi lesquels on remarque surtout celui du prince de Sina. Dans l'Allemagne du Sud, nous citerons encore le jardin impérial de Salzbourg, les parcs de Munich, celui de Berg, près de Stuttgard, le parc de Carlsruhe, le jardin du prince de Furstenberg à Donaueschingen, le parc de Schwetzingen.

En Belgique, ou l'horticulture est en grand honneur, on remarque le parc royal de Bruxelles, le parc d'Enghien, les Trois-Fontaines, et le jardin de Perck, appartenant au comte de Ribocourt.

Parcs français. — La France, à laquelle il est temps de revenir, fournit aussi à l'horticulture un brillant contingent d'artistes, et de travaux terminés ou en cours d'exécution. Il faudrait citer ici en première ligne ceux de M. Alphand; mais, en raison de leur caractère public et d'agrément général, ils trouveront mieux leur place dans la dernière partie de notre travail, consacrée aux squares et promenades publiques. Le nom de son habile auxiliaire, M. Barillet-Deschamps, figure également au premier rang parmi ceux des dessinateurs français. Nous reproduisons ici l'un des meilleurs plans de cet artiste distingué; celui que MM. Decaisne et Naudin ont jugé digne de figurer dans leur *Manuel* classique d'horticulture (1). (Voir ci-dessus, page 137).

Ce plan est celui d'un jardin paysager de moyenne contenance, de deux à quatre hectares, mais ses principales dispositions sont susceptibles d'être reproduites sur une plus grande échelle. Il répond avec intelligence au goût du jour, en réservant, aux deux extrémités de la rivière factice, des rocailles heureusement motivées, propres à la culture des fougères. Le large développement de la pelouse centrale, inclinée gracieusement du côté de l'eau, permet d'y distribuer sans confusion les groupes d'arbustes, les massifs de fleurs, les plantes à feuillage ornemental isolées ou en corbeilles. On pourrait trouver seulement que l'artiste s'est montré, en général, un peu trop économe de grandes plantations, et que l'allée de ceinture côtoie d'un peu près les limites du côté du potager ; mais il serait facile de corriger ce défaut dans l'exécution.

Le plan ci-joint du petit parc restauré de Maisons, œuvre la plus remarquable d'un artiste expérimenté, M. Duvillers (15, avenue de Saxe, Paris), est un spécimen heureux d'un genre de travail toujours difficile, le raccordement d'une portion importante de jardin de

(1) Decaisne et Naudin. *Manuel de l'amateur des jardins.* 4 vol. in-18. Paris, F. Didot.

l'ancien style français, avec un parc du genre irrégulier.

L'étendue totale de ce domaine, dernier débris du

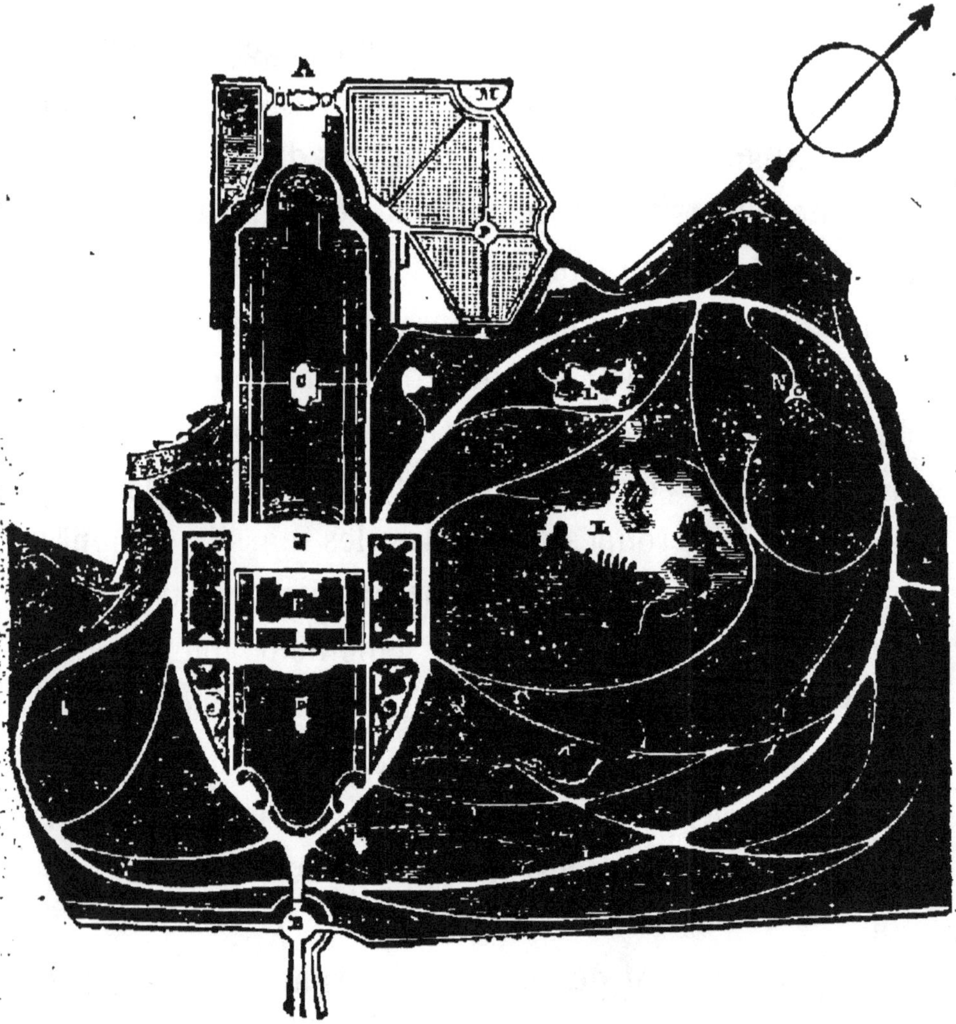

Fig. 24. Parc de Maisons restauré par M. DUVILLERS.

grand parc est de 50 hectares. A est l'entrée principale; elle précède deux longues avenues de marronniers encadrant une vaste pelouse régulière d'une superficie de 3 hectares 1/2. Les nombreuses lacunes qui existaient dans cette avenue ont été comblées au moyen d'arbres similaires qui existaient dans l'ancien parc, et dont la transplantation a été opérée avec autant de bonheur que de hardiesse. On a scrupuleusement conservé et restauré dans le style français, au milieu de la grande pelouse, le vaste bassin régulier C, les anciens parterres des deux côtés du château et l'autre bassin D, placé au centre de la seconde pelouse régulière qui s'étend au sud du château. Une double allée, large de 4 mètres, enveloppant les parterres, vient aboutir en B au pont qui relie le parc à la route. Sur cet encadrement classique s'embranchent les courbes gracieuses du parc irrégulier, dans lequel on a fait habilement figurer, isolément ou au centre de massifs modernes, les beaux arbres de l'ancien parc. Deux pièces d'eau L L alimentées par des cascades, sont ornées d'îles et de presqu'îles, dont les unes sont couvertes de fleurs, les autres d'arbres séculaires. L'allée de ceinture, dont la courbe habilement ménagée embrasse, comme on peut le voir sur le plan, la totalité du parc irrégulier, n'a pas moins de 5 kilomètres de longueur. Elle offre, dans ce développement, une série de points de vue habilement ménagés sur les environs. Elle traverse une plantation d'arbres exotiques à feuilles persistantes, dont la création remonte au maréchal Lannes, jadis arboriculteur fanatique dans ses rares moments de loisir. Dans la partie la plus étendue, le dessinateur a su ménager entre cette allée de ceinture principale et les clôtures, un espace assez grand pour y inscrire plusieurs courbes qui font paraître le parc beaucoup plus spacieux qu'il n'est en effet.

Voici maintenant une œuvre bien plus modeste, puisqu'il ne s'agit que d'un parc d'environ 7 hectares. Elle nous a paru cependant digne d'être reproduite, parce que nous y avons remarqué de grandes difficultés surmontées avec assez de bonheur, et des résultats satisfaisants obtenus sans trop de dépense.

Ce domaine ou parc de Léprée, n'est autre chose que l'ancien clos d'une abbaye située dans la vallée de l'Arnon, l'un des affluents du Cher. Le principal bâtiment dont la fondation remonte, dit-on, au douzième siècle, sert encore de maison d'habitation. Il y avait dans cette enceinte un potager, une avenue de tilleuls et un grand verger très en contre bas. La propriété a été transformée complètement en 1866; les anciens emménagements ont fait place à un jardin paysager de style irrégulier. La situation de l'énorme bâtiment d'habitation A sur la limite extrême du domaine interdisait absolument toute symétrie. Une allée principale, large de 4m50, sur laquelle s'embranchent les sentiers de promenade, relie au château les autres entrées du parc. De tous les côtés, les limi-

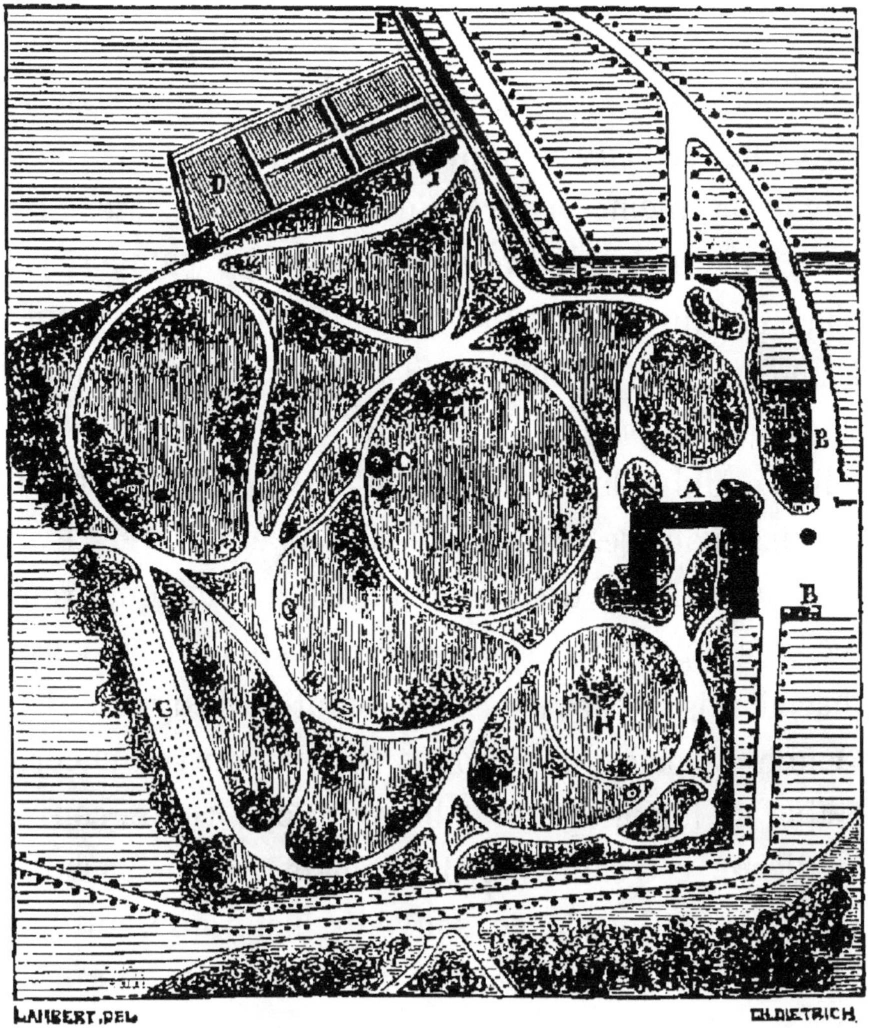

Fig. 25. Petit parc de LÉPRÉE, exécuté par M. LAMBERT.

tes sont dissimulées, tantôt par des accidents de terrain, tantôt par des massifs qui se relient aux collines environnantes. Les lettres B indiquent des dépe ces de l'habitation principale, dont l'aile du côté du parc, plus grande à elle seule qu'un château moderne tout entier, suffit largement au propriétaire; l'autre côté est occupé par le fermier. Du pavillon C, on jouit d'un joli point de vue sur la rivière d'Arnon. La façade du château a également une vue de détail fort agréable, celle du moulin F, placé sur un canal qu'alimente la même rivière. Ce canal, bordé d'une belle prairie, sert de clôture de ce côté. Le potager, jadis placé devant l'habitation, a été transporté au point D. L'une des plus grandes difficultés de cette transformation était le peu de profondeur de terre végétale; il a fallu conduire les terrassements avec des précautions infinies, pour réserver cette couche et assurer l'avenir des plantations. En revanche, on n'a eu que trop de facilités pour extraire sur place le caillou nécessaire au macadamisage des allées. Le point H désigne une ancienne chapelle ruinée, dans laquelle on voit encore la statue du fondateur de l'abbaye. Cette ruine, couverte de lierre, est soutenue d'un épais fourré d'arbustes. La conservation de ce souvenir historique, qui laisse au domaine son caractère, fait honneur au goût du propriétaire et à celui du dessinateur.

Ces travaux, faits sur un sol ingrat et d'un relief fort accidenté, n'ont pas seulement embelli l'aspect du domaine, ils en ont notablement amélioré le produit, en transportant le potager et le jardin fruitier dans une exposition plus favorable, et créant des pelouses qui donnent une récolte de foins abondante. Cette transformation à la fois utile et agréable, n'a pas coûté, dit-on, plus de 17,000 francs, c'est-à-dire moins de 2500 francs par hectare. Elle est due à M. Lambert, jardinier-paysagiste connu par de nombreux et importants travaux.

Nous avons cru devoir également reproduire le plan d'un grand parc (fig. 27, fol. 152), considéré généralement comme le chef-d'œuvre d'un des premiers artistes de ce temps-ci, le comte de Choulot, auquel la mort n'a pas laissé le temps de terminer son ouvrage sur les jardins, fruit d'une longue et intelligente expérience.

Ce parc, d'une superficie de 230 hectares, est celui de M. le marquis Delangle-Beaumanoir (Bretagne). Le château est assis sur un plateau central, d'où l'on descend dans la vallée profonde où coule la rivière, par une pente rapide, plantée d'une admirable futaie de chêne d'une étendue d'environ 15 ou 16 hectares. C'est un miracle qu'une telle futaie, digne de servir d'asile aux Druides, ait été épargnée à la Révolution. (Voir page 155).

M. de Choulot a créé et remanié avec le même talent beaucoup d'autres propriétés importantes, parmi lesquelles nous citerons celle de Wartegg (Suisse), pour feue S. Exc. la duchesse de Parme, celle de M. de Persigny à Chamarande, et le parc de Brignac en Anjou.

Nous mentionnerons encore, parmi les plus beaux parcs de France récemment dessinés ou remaniés avec un talent exceptionnel, celui de Nades, en Auvergne, créé par feu le duc de Morny, ceux d'Armainvilliers, de Lonray (Orne), de Pinon (Aisne), les parcs du baron de Rothschild à Boulogne-sur-Seine et à Ferrières, dessinés par Paxton; Gros-Bois, entre Brunoy et Boissy Saint-Léger, appartenant au prince de Wagram; Saint-Gratien, près Enghien, à la princesse Mathilde, ceux de Rocquencourt près Versailles, et de Dangu (Eure). Ce dernier, remanié par M. Varé, présente un exemple non moins heureux que celui de Maisons, de l'encadrement d'un ancien parc français dans un décor irrégulier. On y a résolu, avec autant de succès qu'à Léprée et sur une plus vaste échelle, un problème des plus difficiles, et dont la solution préoccupe aujourd'hui beaucoup de bons esprits : faire marcher de front l'embellissement et l'accroissement de revenu d'une propriété. Au touriste ami des jardins, qui voudrait entreprendre un voyage analogue à celui de M. Jühlke en Allemagne, nous recommandons la Touraine, l'Anjou, la Normandie, les environs de Marseille, de Cannes et de Nice, où MM. Barillet-Deschamps, Duvillers, Bühler, Aumont, feu le comte de Choulot, Gurnay, Lambert, Loyre, Le Breton et Varé ont exécuté des œuvres remarquables.

Aux noms déjà cités des plus habiles dessinateurs de ce temps-ci, qu'on nous permette d'ajouter celui d'un homme dont la renommée n'a guère dépassé le cercle de sa province, et qui fut pourtant un véritable maître dans cet art modeste et difficile. Duclos, mort de la façon la plus triste vers la fin de 1858, était un type fort curieux, et qui mériterait les honneurs d'une biographie spéciale. Son éducation primitive avait été très-négligée; son orthographe fut toujours des plus fantasques; ses dessins, de vrais hiéroglyphes où lui seul pouvait se reconnaitre. On aurait pu en dire autant de son langage, grâce à un défaut naturel de prononciation qui le rendait à peu près inintelligible. En revanche, jamais peut-être aucun artiste n'a poussé plus loin l'art de concentrer, d'idéaliser les beautés de la nature dans le style tempéré, le seul qui lui fût familier. La continuité de ses travaux lui interdit pendant toute sa vie les excursions lointaines, mais nul n'a mieux compris que lui les charmes du sol natal, de cette France où voudrait tenir l'univers. Il avait une mémoire vraiment prodigieuse pour tout ce qui se rapportait à son art. Dépourvu de livres, de notes, de répertoire, n'ayant plus même de domicile fixe dans les dernières années de sa vie, il portait tout avec lui-même, comme le sage Bias, auquel il ne ressemblait guère sous d'autres rapports. Personne ne connaissait mieux les noms de tous les arbres et arbustes indigènes, naturalisés ou dignes de l'être, leur emploi au point de vue de l'utilité et du pittoresque, leur aspect et leurs teintes variées suivant les saisons ou l'orientation. De fréquentes expériences ont justifié la sûreté merveilleuse avec laquelle il pronostiquait, un quart de siècle à l'avance, l'effet d'arbres exotiques de première grandeur, dont il n'existait encore en France que des sujets hauts de quelques centimètres.

C'est particulièrement dans la décoration des propriétés de moyenne étendue que Duclos a excellé, et c'est là surtout ce qui donne un vif intérêt d'actualité à ses travaux, en pleine venue aujourd'hui. Nul ne sut jamais mieux agrandir les perspectives par la combinaison des feuillages, par des feintes dans les terrassements et le tracé des allées; donner un cachet aux sites les plus prosaïques; faire rayonner les alentours, embellis et conquis, autour du nouveau domaine. Un de ses chefs-d'œuvre en ce genre, est le très-petit jardin paysager de Franqueville, à cinq lieues en aval de Rouen, sur l'ancienne route de Paris. Il n'existait là que quelques débris de parterres et de charmilles, autour d'un pavillon qui fut, dit-on,

Fig. 26. CANNA ANNŒI (Voir page 184).

le théâtre d'une des intrigues les plus discrètes de

la jeunesse de Louis XV. La création d'un jardin paysager dans un pareil lieu semblait présenter d'insurmontables difficultés. Ce domaine est situé au milieu du vaste plateau qui sépare la vallée d'Andelle de celle de la Seine. C'est une plaine fertile, mais d'une extrême monotonie. De plus, le dessinateur n'avait à sa disposition, en fait d'eau, qu'une mare; et la grande route, ligne prosaïquement inflexible, coupe en deux la propriété. Tel était, il y a trente ans, l'aspect du terrain sur lequel Duclos s'est surpassé. L'ornementation de ce domaine est un vrai tour de force. Jamais peut-être on n'a poussé plus loin les artifices de la plantation et du terrassement, et c'est précisément des choses les plus ingrates que l'artiste a su tirer le meilleur parti. La mare, alimentée par des travaux de drainage, remaniée et parée de toutes les richesses de la végétation aquatique, grands roseaux à fleurs, nénuphars, etc., est devenue une pièce d'eau ravissante. Grâce à une ondulation artificielle de terrain à peine sensible, les clôtures de la grande route sont si bien dissimulées, les plantations des deux côtés si bien fondues, qu'à deux pas de ces clôtures, dans l'allée qui les côtoie, on n'en soupçonne pas l'existence. Les voitures et les piétons, qui semblent circuler ainsi dans l'enceinte du domaine, lui donnent du mouvement et de la vie, et le talent du dessinateur a transformé en un ornement nouveau, ce qui semblait une défectuosité sans remède. Duclos a principalement employé là des arbres indigènes, mais nulle part il n'en a plus heureusement assorti les nuances. Plantés dans des terres excellentes et profondément remuées, ces arbres ont rapidement prospéré. Les effets nouveaux de ce développement qui rapproche et marie les feuillages, justifient les prévisions de l'artiste, révèlent toute l'étendue de ses combinaisons, incomprises à l'époque du travail. C'est là, en effet, le côté vraiment poétique et grandiose de cet art. Le dessinateur habile esquisse des tableaux dont il confie l'achèvement à la lente, mais infaillible collaboration de la nature. Il lui prépare, lui impose sa tâche, et travaille plutôt ainsi pour l'avenir, pareil à Stradivarius, le célèbre

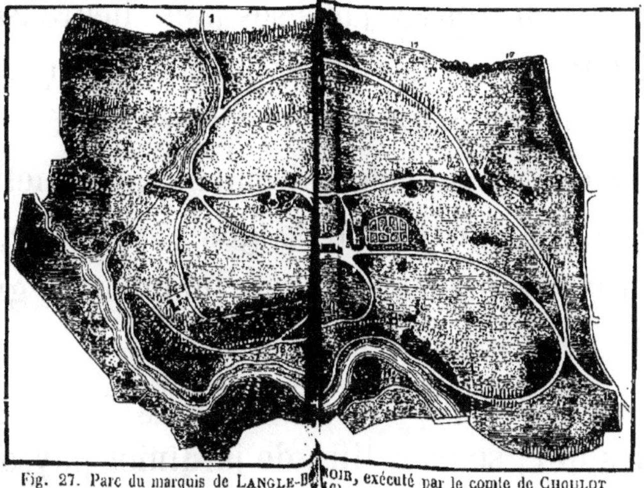

Fig. 27. Parc du marquis de LANGLE-B[illegible]OIR, exécuté par le comte de CHOULOT (Voir [illegible]46).

Voici les principaux détails du plan réduit de cette belle propriété (fig. 27 — voir page 146) :

1, Nouvelle route d'arrivée ; 2, loge d'entrée ; 4, château ; 5, écuries ; 6, communs ; 7, basse-cour ; 8, potager ; 9, massifs de rosiers du Bengale ; 10, id, de fleurs mélangées ; 11, géraniums et petunias ; 12, chenil ; 13, réservoirs ; 14, route de ceinture ; 15, barrière anglaise ; 16, petit domaine ; 17, lice et saut-de-loup ; 18, double banc couvert ; 19, grand banc couvert ; 20, chaussée d'étang.

Le plateau est entouré sur notre dessin par des points blancs ; là, où le terrain forme une pente rapide, nous l'avons désignée par une double ligne de points blancs.

luthier de Crémone, qui eut le courage de fabriquer des instruments dont le mérite ne devait être pleinement apprécié qu'au bout d'un siècle.

Ainsi que bien des gens de talent dans tous les genres, l'auteur de cette œuvre et de plusieurs autres non moins magistrales, a tristement fini. Il avait contracté l'habitude d'excès dont la pernicieuse influence s'accrut naturellement au déclin de l'âge, affaiblit ses facultés et lassa la patience de ses clients. Dans un de ses moments lucides, son cerveau affaibli ne put supporter la sinistre perspective de la misère et de l'impuissance. Il se noya dans la rivière d'Andelle, sur les bords de laquelle il avait trouvé jadis ses plus heureuses inspirations. Il laissa sur la rive, solidement assujetti à l'extrémité d'une baguette fichée en terre, un écrit constatant que c'était bien volontairement qu'il mettait fin à ses jours. Ce pauvre diable de génie, incompris de son vivant, a laissé un souvenir qui maintenant grandit et se fortifie avec ses œuvres.

Nous pourrions encore citer un grand nombre de personnes qui, sous le titre de jardinier paysagiste ou tout autre, se font passer à Paris, et surtout en province, pour de grands dessinateurs de jardins ou de parcs; mais ne connaissant pas ou connaissant trop leurs œuvres, nous conseillons aux propriétaires de se méfier de soi-disant artistes, sujets à commettre des bévues coûteuses et souvent irréparables.

Jardins paysagers dans le Midi. — Suivant le prince Pückler-Muskau, le style régulier mériterait une préférence exclusive dans les latitudes méridionales. Nous laissons au grand seigneur artiste la responsabilité de cette thèse hardie. Pour notre compte, nous ne croyons pas qu'on songe jamais à refaire, même sous le ciel d'Italie, même en présence des imposantes et lumineuses perspectives de la Toscane et de la Sabine, des œuvres pareilles aux grandes villas de la Renaissance, pas plus qu'on ne songera à faire revivre le régime sous lequel de semblables créations ont été possibles. Il y a là une ère définitivement close, une étape franchie sans retour. Mais nous croyons à la très-grande opportunité, sous ces latitudes, de l'application du genre mixte, dont il existe déjà des exemples remarquables et déjà anciens, à Caserte et à la Villa Reale, parcs napolitains dont la plantation remonte à plus d'un siècle.

L'application de ce style mixte nous paraît la plus convenable dans le Midi autour des résidences royales ou princières, ayant un caractère architectural imposant et bien nettement déterminé. Mais nous croyons de plus, et nous avons même acquis la certitude, par nos propres yeux, qu'on peut y créer aussi avec avantage, autour d'habitations moins fastueuses, des jardins paysagers franchement irréguliers. Dans ces régions si favorisées du soleil, où l'ensemble des sites est présentement plus riche par la lumière et l'harmonie des lignes que par la verdure, on obtient d'heureux contrastes avec ces alentours splendides et brûlants, en concentrant dans de fraiches retraites des trésors de végétation, dont les horticulteurs du Nord n'ont que la jouissance imparfaite et bâtarde due à l'emploi des serres, tandis qu'on peut les développer librement à ciel ouvert dans le Midi, par la combinaison de la chaleur et de l'irrigation. Nous avons trouvé à Nice d'heureuses applications de ce style irrégulier dans le parc de M. de Pierre-Lasse, remarquable par un magnifique choix de conifères exotiques déjà anciennement plantés et en pleine croissance, et chez M. le baron Vigier, dont le jardin a été dessiné récemment, dans une des situations les plus heureuses qu'offre le littoral du golfe, par M. Barillet-Deschamps, auquel nous avons déjà rendu la justice qu'il mérite.

Nous avons surtout visité avec le plus grand intérêt une propriété qui nous avait été recommandée spécialement par M. Decaisne, celle de M. Thuret, à Antibes. Ce jardin paysager réunit tous les genres d'agréments : habile disposition des massifs, beauté du site et heureuse acclimatation des plus curieux végétaux exotiques, principalement de ceux d'Australie et de Californie. L'emplacement de cet Eden méridional ne pouvait être mieux choisi. Il occupe un monticule placé au centre d'un promontoire, ayant vue d'un côté sur le golfe Juan, de l'autre sur celui de Nice. C'est dans cette dernière direction que s'étend la perspective principale, ayant en premier plan la ville et le fort d'Antibes, qui semblent avoir été apportés là pour le plaisir des yeux; plus loin, tout le développement du golfe, Nice elle-même, et les blanches villas du littoral, couronnées par les cimes neigeuses des Hautes-Alpes. La façade principale de l'habitation est soutenue d'un plantureux massif d'orangers chargés de fleurs et de fruits, véritable verger des Hespérides, où manque seulement le dragon. Immédiatement au-dessous se déroule, en pente doucement ondulée, une pelouse verdoyante d'une fraîcheur toute normande, mais à laquelle les teintes diaprées des anémones, remplaçant nos pâquerettes du Nord, conservent un caractère d'harmonie locale. Ces tons de belle verdure émaillée de fleurs éclatantes, produisent un effet heureux, presque étrange, dans une contrée où l'on est forcé, pendant les mois d'été, de nourrir les bestiaux avec des écorces et des oranges gâtées ! A l'extrémité et sur les flancs de cette pelouse principale, se groupent des massifs d'arbres exotiques à verdure persistante, agencés de manière à dissimuler de toutes parts les limites en se reliant à l'horizon. Cet emplacement, d'une superficie d'environ quatre hectares, ne pouvait être mieux choisi sous le rapport du site et de la lumière, mais il faut y lutter incessamment contre deux adversaires redoutables, l'action pernicieuse des vents de mer dans la partie supérieure, et l'insuffisance de l'approvisionnement d'eau, fléau ordinaire de l'horticulture méridionale. C'est là, néanmoins, que M. Thuret a su accomplir de véritables tours de force d'acclimatation. Dans cette enceinte privilégiée, on

Fig. 28. ARALIA PAPYRIFERA (Voir page 184).

trouve en pleine terre, et dans les plus belles conditions de végétation et d'efflorescence, une foule de végétaux dont il n'existe encore en Europe que des spécimens rachitiques et méconnaissables dans quelques grandes serres. L'un des principaux ornements de ce parc exceptionnel est l'*eucalyptus*, ce géant des forêts de l'Australie, où il atteint, dit-on, l'altitude de 100 mètres et au-dessus. On voit dans le parc de M. Thuret plusieurs sujets adolescents de cette espèce, parvenus en moins de dix ans à la hauteur déjà fort respectable de 15 à 18 mètres. Les palmiers, les dattiers, les bananiers même sont là comme chez eux; le figuier d'Inde y atteint des proportions presqu'aussi fortes que dans les climats tropicaux; la nombreuse et élégante famille des cistes y prospère comme les roses dans nos latitudes septentrionales. Nous citerons encore les différentes variétés d'acacias d'Australie, notamment l'espèce naine dite *pubescens*, avec ses énormes grappes de fleurs du plus beau jaune d'or; de beaux exemplaires des conifères les plus rares, notamment l'*actinostrobus pyramidalis*, espèce naine très-remarquable, encore à peine connue en Europe, et qui croît et fructifie à Antibes aussi librement que dans les solitudes de l'Australie; enfin, un magnifique spécimen d'un des arbustes les plus curieux de cette contrée, le *banksia*, remarquable surtout par la forme étrange de ses énormes graines tigrées de jaune et de noir. Ce petit parc, plus digne d'attention que bien des grandes propriétés, est un type accompli des ressources exceptionnelles qu'offre à l'horticulture d'agrément la région sud-est de la France. Ces ressources pourront recevoir un plus grand développement quand l'irrigation sera opérée d'une manière abondante et continue sur les différents points du littoral méditerranéen, par suite de la création de bassins de retenue et d'aqueducs semblables à celui de Roquefavour, qui a transformé la majeure partie de la banlieue de Marseille en une délicieuse oasis.

Fig. 29. THUYA ORIENTALIS. (Voy. page 107.)

QUATRIÈME PARTIE.

PROMENADES ET PLACES PUBLIQUES, SQUARES.

Considérations générales. — L'art des jardins publics est, de toutes les branches de l'horticulture d'agrément, celle qui a pris de nos jours le développement le plus considérable. C'est surtout en France qu'elle paraît appelée au plus grand avenir.

Il était naturel, en effet, que les raffinements et les perfectionnements les plus dispendieux de l'horticulture, exclus des propriétés privées par suite de la division des fortunes, fussent recueillis dans le domaine public. Au train dont vont les choses, il n'y aura plus bientôt d'autres grands parcs que ceux qui appartiennent à *tout le monde*. C'est là un des indices les plus caractéristiques du progrès et de l'esprit modernes.

Ce n'est pas qu'on ne puisse faire remonter à une antiquité assez reculée l'existence des promenades pu-

Fig. 30. SALANUM CRENITUM. (Voy. page 185.)

bliques. C'en était déjà une, et probablement la plus vaste qui fût jamais, que ce parc de l'empereur chinois Wen-Wang, dont il est fait mention, d'après des traditions populaires, dans les écrits du philosophe Meng-Tseu, qui vivait au quatrième siècle avant l'ère chrétienne. Ce parc n'avait pas moins de sept lieues de tour, et pourtant le peuple le trouvait encore trop petit, car il en jouissait en commun avec le souverain. On peut aussi considérer comme ayant été de véritables *promenoirs*, les bois sacrés, plantés autour des temples de la Grèce et de Rome; et, dans l'Arabie, la Perse et l'extrême Orient, les jardins au milieu desquels s'élèvent les fastueux mausolées des souverains, jardins dont l'Inde nous offre encore de curieux spécimens autour des tombeaux de Shah-Djehan, et de son aïeul Akhbar.

Mais on peut appliquer aux « promenoirs » de l'antiquité, du moyen âge et de la renaissance, aussi bien qu'aux jardins particuliers des princes et des grands, pendant cette période, ce que disait Cicéron de sa *villa* de Tusculum : « J'ai bâti de très-beaux jardins. » L'expression était juste, dit M. Naudin (1), car à cette époque, et sans doute par une réminiscence de l'Orient, on bâtissait les jardins plus qu'on ne les plantait. »

(1) *Siebeck*, le jardinier-paysagiste, avec introduction de Ch. Naudin, membre de l'Institut. J. Rothschild, éditeur.

Jusque bien avant dans le dix-septième siècle, il n'y eut en France d'autres promenades publiques, dans le sens le plus strict de ce mot, que des plantations régulièrement alignées dans quelques emplacements spéciaux des grandes villes, comme les allées de la Place-Royale, et le fameux Cours-la-Reine, créé par Marie de Médicis; comme la majestueuse promenade dite *Cours d'Ajot,* à Brest, qui semble un fragment du parc de Versailles transplanté sur les bords de l'Océan; comme encore les allées de Tourny et autres à Bordeaux, qui a été longtemps la ville la mieux partagée de France en fait de promenades publiques, le Cours Saint-Sever, à Rouen, etc. Ensuite, on s'habitua peu à peu à considérer aussi, comme d'un usage commun, les jardins des résidences royales, ceux même des grands seigneurs et des « partisans, » qui demeuraient ouverts au public pendant une partie de la journée.

Un progrès important, d'un caractère essentiellement démocratique, s'accomplissait peu à peu, à mesure que s'opérait le grand travail d'unité nationale et de pacification à l'intérieur. Dans un grand nombre de villes, à commencer par Paris, les terrains occupés par les travaux de défense indispensables à l'époque des guerres privées, furent plantés d'arbres. C'est depuis cette époque, relativement tranquille, que le mot *boulevard*, jadis tout militaire, prit peu à peu l'acception pacifique, seule comprise aujourd'hui. C'est un des exemples les plus significatifs de l'influence toute-puissante des mœurs sur le langage.

Le style régulier régnait sans partage dans les promenades publiques, aussi bien que dans les jardins des résidences royales et dans ceux des particuliers. L'importation du système anglo-chinois, par laquelle commença la réaction, souleva d'abord des oppositions nombreuses. L'*Encyclopédie*, qui patronait tant d'autres réformes, repoussa vivement celle-là. « De tous les arts de goût, disait-elle, c'est peut-être celui qui a le plus perdu de nos jours. Nous ne savons plus faire des jardins comme ceux des Tuileries, des terrasses comme celle de Saint-Germain, des boulingrins comme à Trianon (1), des portiques naturels comme à Marly, des treillages comme à Chantilly, ni finalement des parterres d'eau comme ceux de Versailles... Comment décorons-nous aujourd'hui les plus belles situations de notre choix, et dont Le Nôtre aurait su tirer des merveilles? Nous y employons un goût ridicule et mesquin. Les grandes allées droites nous paraissent insipides, les palissades froides et uniformes. Nous aimons à pratiquer des allées tortueuses, des parter-

(1) Il s'agit du grand Trianon, le seul qui existât à cette époque.

res contournés, des bosquets découpés en pompons. Les corbeilles de fleurs, fanées au bout de quelques jours, ont pris la place des parterres durables ; l'on voit partout des magots chinois, etc. »

Jusqu'à la Révolution, il y eut des jardiniers conservateurs fanatiques, pour lesquels le genre irrégulier n'existait pas. On peut en juger par un livre assez curieux, le *Jardinier-Fleuriste* du sieur Liger, dont la dernière édition, considérablement augmentée, parut en 1787. Il n'y est absolument question que des arbres et arbustes susceptibles de se prêter aux exigences les plus compliquées du ciseau, pour former des arcades, des treillages, des colonnades, et d'autres tours de force encore plus puérils, symptômes non équivoques de décadence. Voici, par exemple, comment le sieur Liger décrivait « une invention moderne, toute des plus curieuses, pour faire des ormes en boule, ne bornant pas la vue dans les endroits où ils sont plantés. Pour parvenir à cette forme qu'on recherche, on les plante la tige haute de quatre à six pieds, et à mesure qu'ils poussent, il faut tous les ans tondre les branches, de manière qu'elles forment à l'extrémité de chaque tige une boule qui paraisse comme un globe de deux pieds et demi de diamètre. Pour donner un plus grand relief à ces ormes, on plante tout autour un petit rond de charmille qui, lorsqu'il est conduit artistement, forme une manière de pot à fleurs sans anse, au milieu duquel l'orme est planté. » L'auteur manifeste une prédilection paternelle pour ce genre de décoration, fort propre, dit-il, à être employée soit en avenues, soit en quinconces, dans les promenades publiques, « chez les grands seigneurs, les partisans, et généralement tous ceux *qui ont de quoi.* »

Le nombre des promenades publiques, ou d'usage public, s'accrut notablement en France par suite de la Révolution. Jusque-là, les prôneurs les plus enthousiastes de la réforme des jardins avaient été d'avis de conserver dans ceux de ce genre le style régulier. On était plus avancé à Londres, où le célèbre Kent avait dessiné, vers 1730, les bosquets du parc public de Kensington dans le style le plus irrégulier, allant même, dit-on, jusqu'à y planter des arbres morts pour mieux imiter la nature. En France, Morel lui-même, qui faisait aux avenues droites et aux quinconces une guerre si acharnée chez les particuliers, s'était prononcé nettement pour le maintien de ce mode de plantation dans les endroits publics, où la jouissance de l'air et de la verdure n'étaient, disait-il, qu'un objet secondaire pour les habitants des grandes villes, leur but principal étant de voir et d'être vus. La Révolution fit fléchir ce principe comme bien d'autres plus importants, en rendant accessibles au public d'anciennes propriétés particulières dessinées dans un système plus moderne, comme les jardins de Beaujon, de Marbeuf, de Tivoli. Toutefois, pendant la pre-

Fig. 31. SOLANUM ROBUSTUM. (Voy. page 185.)

mière moitié de notre siècle, le nombre et l'importance des jardins publics, anciens ou nouveaux, cessèrent peu à peu d'être en rapport avec le développement de la population dans les grandes villes, principalement à Paris. A partir de 1825, cette disproportion se prononça d'une manière sensiblement préjudiciable, non-seulement à l'agrément, mais à l'hygiène des populations. Ainsi, on vit en peu d'années les constructions nouvelles, marée montante sans reflux, envahir successivement Beaujon, Marbeuf, les deux Tivoli, une partie considérable des Champs-Elysées. Restaient, il est vrai, le bois de Boulogne et de Vincennes; mais ces deux promenades n'étaient plus dignes de Paris. La première, seule fréquentée par la portion la plus aisée de la population, était précisément la plus défectueuse; dépourvue d'eau, plantée sur un sol infertile, où de larges espaces à peine voilés de maigres taillis, semblaient des stigmates indélébiles de l'occupation étrangère. Paris, jusqu'en 1848, était, en fait de promenades publiques, inférieur à Londres, qui comprenait depuis longtemps dans son enceinte, à proximité des plus beaux quartiers, des ombrages et des gazons comme ceux d'Hyde Park et de Regent's Park.

Mais, de nos jours, Paris a décidément repris l'avantage, grâce aux transformations heureuses et complètes des bois de Boulogne et de Vincennes, à la création du parc des Buttes Chaumont, à l'arrangement de celui de Monceaux.

Promenades de Paris. — Bois de Boulogne. —

La transformation du bois de Boulogne en promenade pittoresque présentait des difficultés de plus d'un genre qui ont été habilement surmontées. Aussi les détails de cette œuvre, bien connus aujourd'hui par le splendide et utile ouvrage publié par M. Alphand, doivent être étudiés comme le type le plus instructif et le plus complet des travaux de ce genre (1).

Le sol de ce bois porte des traces visibles de la présence de la mer; il est composé de sables siliceux, mélangés de galets. Sauf quelques parties où le sous-sol argileux se rapproche davantage de la surface, ce terrain, sec et ingrat, ne produisait guère que des arbres sylvestres à feuilles caduques, de qualité plus que médiocre. De nombreux semis d'arbres à feuilles persistantes inaugurèrent en quelque sorte une ère nouvelle; ce sol, où languissaient la plupart des arbres à feuilles caduques, se trouva favorable à la culture des conifères. Tel fut le point de départ des embellissements actuels.

L'ancien bois de Boulogne était sillonné d'avenues et d'allées droites, bordées d'arbres souffreteux et sans avenir; il avait tous les défauts du genre régulier, sans ses qualités. Sa métamorphose a nécessité

(1) Alphand. Les *Promenades de Paris*. Parcs; — squares; — boulevards. — Ouvrage de luxe publié par livraisons. J. Rothschild, éditeur.

des travaux dont le détail sera consulté avec fruit par les artistes chargés de semblables transformations. Il a fallu, au moyen de plantations d'arbres et d'arbustes forestiers, fermer les anciennes allées droites supprimées, rompre les lignes droites des pelouses, créer de nombreux massifs, y disposer, à différents plans, des arbres à tige de dimensions variées, et à feuillage diversement coloré, etc.

Pour les nouvelles plantations d'alignement, on a employé à peu près exclusivement le marronnier qui réussit facilement, et même de préférence, dans les plus mauvais terrains. Il offrait de plus l'avantage local d'être en pleine floraison au printemps, époque où cette promenade est le plus fréquentée. D'après les calculs de M. Alphand, la plantation de chacun de ces arbres est revenue à 16 fr. 50 cent. Ce prix de revient n'a rien d'effrayant pour la ville de Paris, aguerrie à de tels assauts, mais il pourrait effrayer bien des villes de province et bien des particuliers. Mais il importe de remarquer que dans ce prix, on voit figurer autour de chaque arbre un apport de deux mètres de terre végétale au prix de 5 fr. ; apport qui pourra être supprimé ou considérablement réduit dans de meilleurs terrains. On pourra de même économiser dans bien des cas le *corset-tuteur*, n'employant cet ingénieux appareil que pour des arbres exceptionnels, et dans les emplacements les plus fréquentés. On arriverait ainsi à diminuer les frais de plus de moitié.

Le vernis du Japon ne conviendrait pas moins bien que le marronnier pour des plantations de ce genre. Il affectionne au moins autant que le marronnier les terrains médiocres; ses jeunes pousses ont un caractère tout à fait ornemental; enfin il offre un avantage exceptionnel encore assez peu connu, celui d'attirer et de détruire les hannetons.

Dans les plantations *forestières* proprement dites, qui ne demandaient pas de soins particuliers, « on s'est contenté de défoncer le sol à 50 centimètres de profondeur, et d'y planter des arbres-tiges de 8 à 15 cent. de circonférence, dans la proportion de 54 arbres par ares. Sur les points où l'on tenait à obtenir immédiatement des fourrés, on a ajouté des touffes dans la proportion de 150 par are. » Ces proportions devraient également être réduites dans des sols plus riches que celui-là.

Dans l'exécution des massifs d'ornement, le sol a été bombé, défoncé de 50 à 80 cent. de profondeur, suivant la nature des essences. Les plantations ont été disposées, ensuite, d'après le système général d'agencement qui tend à donner à l'ensemble des massifs une forme pyramidale en harmonie avec celle du terrain préparé. On y est arrivé en plaçant au centre les espèces les plus hautes et les arbres les plus forts (généralement plantés au chariot); puis ceux de moyenne

Fig. 32. SOLANUM HYPORHODIUM. (Voy. fol. 185.)

grandeur, et enfin, sur la lisière, des arbres étagés également par ordre de croissance. Ce système est critiqué par quelques artistes modernes, qui prétendent qu'il tend à donner aux massifs l'aspect de fortifications. C'est pourtant celui qui permet aux arbres et aux arbustes de vivre ensemble avec la meilleure intelligence, et de se développer de la façon la plus har-

Fig. 33. SCUS COOPERII. (Voy. page 185.)

monieuse. En variant avec intelligence le choix des espèces, on laissera toujours assez de ressources à la nature pour parer, dans l'avenir, à l'inconvénient d'une trop grande uniformité.

Nous croyons utile d'emprunter à un article de M. André, publié dans le journal *la Ferme*, l'indication du procédé adopté par la Ville de Paris pour la transplantation et le transport des arbres verts qu'elle fait prendre dans ses pépinières, pour les placer ensuite à demeure dans ses squares, ses parcs, ses bois de Boulogne et de Vincennes :

« Autour de chaque arbre, autant que l'espace le permet, on ouvre une tranchée circulaire dans laquelle un homme peut se mouvoir à l'aise. La profondeur égale celle des dernières grosses racines, et l'on réserve une motte assez volumineuse pour qu'aucune de celles-ci ne soit mutilée, au moins dans sa portion principale. S'il s'en rencontre parfois quelqu'une d'une longueur démesurée, on la réserve avec soin pour la laisser prendre à nu.

« La motte est taillée en cône tronqué, ayant sa plus petite section transversale en bas. Puis, tout autour de cette motte, on place debout des planches légères de peuplier ou de sapin (*voliges*) disposées côte à côte avec un intervalle d'un centimètre ou deux entre chacune.

« On les relie légèrement au sommet par une ficelle qui les maintient debout provisoirement.

Fig. 34. PROCÉDÉ DE TRANSPLANTATION EMPLOYÉ DANS LES PÉPINIÈRES DE LA VILLE DE PARIS.

« Alors un homme descend dans le trou, entoure la base des planches avec la corde d'une presse de tonnelier, serre, au moyen de la vis de compression, jusqu'à ce que les planches soient fermement appliquées à la terre (*fig*. 34).

« Sans desserrer la presse on place, un peu au-dessus, un cercle ordinaire de barrique, en châtaignier, et on le fixe à chaque douve de ce tonneau improvisé par une petite pointe.

« On retire alors la presse (*fig*. 35), et l'on répète la

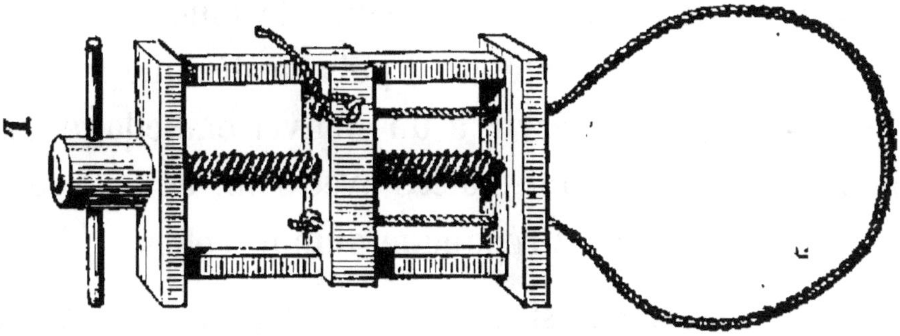

Fig. 35 PRESSE A CERCLER LA MOTTE.

même opération en haut, à 10 centimètres environ du bord des douves.

« La motte étant alors parfaitement maintenue, on la renverse sur le côté afin de mettre le dessous à découvert. Un fond de tonneau, grossièrement préparé avec des planches analogues, reliées entre elles par deux lames de *feuillard* de tôle dont les bouts dépassent de 20 centimètres, y est appliqué. Les bouts de feuillard sont percés de deux ou trois trous qui permettent de les clouer sur les douves verticales.

« On répète ce travail de l'autre côté, et l'opération est terminée.

« C'est alors qu'on peut manier l'arbre à volonté, sans qu'il craigne quoi que ce soit.

« Par surcroît de précaution pour les espèces délicates, on maintient la tige par des fils de fer fixés sur les bords du tonneau.

« Arrivé à destination, l'arbre est descendu à la place qu'il doit occuper; on retire le fond en le penchant légèrement sur le côté, puis on décloue les cercles, qui pourront servir à un nouvel embellage. Les racines pendantes sont étalées avec soin, et de la terre meuble et choisie est répandue autour d'elles.

« La réussite est si complète que je ne sais pas si l'on pourrait montrer, à Vincennes et dans les squares de Paris, un seul des arbres transplantés ainsi qui ait succombé à cette opération. Ceux qui sont morts à Vincennes provenaient de livraisons faites suivant le mode ordinaire des pépiniéristes auxquels il avait fallu avoir recours.

« Fort bien, me dira-t-on; mais le prix? Une presse comme celle dont nous nous servons, de bon bois de chêne et de frêne, coûte 18 francs, munie de sa corde.

« Quant à nos bacs improvisés, voici le détail de leur prix de revient :

Fig. 36. FICUS, ELASTICA. (Voir page 185).

« Pour une motte de 2 mètres de circonférence, sur 50 à 60 centimètres de haut :

« 4 voliges (*croûtes*) de 2 mètres, sciées en quatre, à 22 centimes.	» 88
« 2 cercles de châtaignier, à 6 centimes . .	» 12
« Façon du fond et du bac.	» 50
« 2 lames feuillard de tôle de 80 centimètres de long, à 15 centimes	» 30
« Total.	1 80

« On peut aussi employer des tonneaux à ciment, en bois blanc, qui sont livrés à très-bon marché après avoir servi. On les coupe en deux ; chaque moitié peut former un bac. Avec cet outillage, deux hommes préparent facilement, prêts à hisser sur la charrette, *leurs cinq arbres par jour*, et un homme suffit à fabriquer sept ou huit de ces bacs dans sa journée.

« N'est-ce pas un résultat digne de remarque ; et quel propriétaire trouvera trop cher et trop long de sauvegarder ainsi, à coup sûr, la vie des arbres dont il attend, avec tant d'impatience, la reprise et la rapide croissance ? »

Fleuriste de la ville de Paris. — Ce « Fleuriste », créé en 1855 sur l'emplacement de l'ancien clos Georges, au bois de Boulogne, s'est développé depuis cette époque avec une rapidité vraiment féerique. Il a rendu, et rend encore chaque jour d'importants services à l'horticulture française, en accréditant et multipliant l'emploi d'un grand nombre de végétaux exotiques à feuillage ornemental (*Musa, canna, caladium* etc). Le pre-

Fig. 37. MONTAGNÆA HERACLEIFOLIA. (Fol. 185.)

mier noyau de cette réserve se composait de quelques

sujets apportés d'Alger et de Bordeaux. En 1855, le nombre de plantes fournies par le Fleuriste ne fut que de 600. En 1864, il s'élevait déjà à 870,198. En 1865, une succursale a été établie au bois de Vincennes, et le chiffre des plantes fournies par les deux établissements s'est élevé à 1,575,425. De tels chiffres dispensent de tout commentaire. C'est à bon droit que le Fleuriste de la ville de Paris jouit aujourd'hui d'une réputation européenne.

Nous renvoyons à l'ouvrage de M. Alphand pour les détails de construction de serres, de composition du personnel, ainsi que pour la série des calculs qui prouvent, d'une façon irréfragable, que l'administration municipale, en créant ses établissements d'horticulture, réalise une économie qu'on ne peut évaluer en moyenne, à moins de 0,14 c. par plante. Elle a pu ainsi se montrer, à moins de frais, plus prodigue d'embellissements, que si on était resté tributaire de l'industrie privée. Il y a là un exemple intéressant pour les grandes administrations municipales, jalouses de suivre dans la mesure de leurs facultés pécuniaires l'exemple de Paris.

On peut ajouter que dans l'état actuel de division des fortunes, rien ne saura remplacer l'initiative de semblables établissements, initiative éminemment favorable au progrès. On peut y faire, et l'on y fait journellement des essais impraticables pour l'industrie privée, et d'un grand intérêt pour l'avenir de l'horti-

Fig. 38. FERDINANDA EMINENS. (Voir page 185.)

culture. C'est ainsi qu'on a pu expérimenter dans les serres la substitution économique du gaz à toute autre espèce de combustible. La concurrence établie entre les chefs d'usine pour la fabrication des serres nouvelles du Fleuriste, a fait surgir de nouveaux procédés qui ont réduit le prix du mètre carré à 22 fr. 50 c. au lieu de 28 ou 32 francs que l'on payait auparavant.

Parmi les végétaux d'ornement (1) dont l'emploi a été introduit ou popularisé par les établissements municipaux d'horticulture parisienne, et dont l'expérience a justifié le mieux l'emploi, soit dans les squares ou promenades publiques de France, soit dans les parcs et jardins particuliers, nous citerons les suivants :

CANNA. (fig. 54, t. I.)
- *Annœi* (fig. 26).
- *zebrina.*
- *nigricans.*
- *Porteana.*

ARALIA.
- *papyrifera,* très-semblable au palmier (fig. 28).
- *Sieboldii,* très-rustique ; susceptible de passer l'hiver en pleine terre, avec un léger abri, même dans le nord de la France.

(1) André, *les Plantes à feuillage ornemental,* 1 vol. in-18 relié avec gravures. Prix : 2 fr. J. Rothschild, éditeur.

Les Plantes à feuillage coloré. 2 vol. grand in-8° avec 120 planches en chromo-lith. Prix 60 fr. J. Rothschild, Editeur.

SOLANUM.	*amazonicum*, pour massifs ou corbeilles. En fleur de mai à novembre. *marginatum*, feuilles blanches en dessous, très-décorative. *macranthum*, *crinitum* (fig. 30), *robustum* (fig. 31), *Warscewiczii* et *Hyporhodium* (fig. 32).
HIBISCUS.	On en connait actuellement une cinquantaine d'espèces, dont la plus remarquable est le *liliflorus*, à grandes fleurs rouges; nous donnons le *Cooperii* (fig. 33).
BEGONIA.	*fuschsioïdes*, *prestoniensis*, *lucida*, *discolor*, *ricinifolia*, *diversifolia*, *hybrida*, *imperator* (fig. 21).
MUSA.	Une seule espèce de ces beaux végétaux, la *rosacea*, a un feuillage assez consistant pour figurer dans les jardins.
FICUS.	*Chauvierii*, très-nouveau, et l'*elastica* (fig. 36).
AROÏDÉES.	*Colocasia esculenta*, l'un des plus employés dans les squares et dans les jardins paysagers.
COMPOSÉES. *Montagnæa heracleifolia* (fig. 37). *Ferdinanda eminens* (fig. 38). *Verbesina*.	Arrosées avec des engrais liquides, ces plantes ont atteint jusqu'à 5 mètres de hauteur.

Achyranthes Verschaffeltii, Alternanthera paronychioïdes (fig. 56, tome I); charmantes plantes pour bordures.

Nous avions déjà signalé, dans notre premier volume, l'heureux effet décoratif du *Coleus Verschaffeltii* (fig. 62, tome I), avec la *Centaurea candidissima* (fig. 55, tome I), qui nous vient des îles du littoral italien. Nous insisterons encore tout spécialement sur l'emploi en massifs et en bordures des choux violets à panachures vertes et blanches (*Brassica*) (fig. 12 tome I), qu'il faut semer de bonne heure au printemps, pour en obtenir tout l'effet en automne. C'est un luxe splendide de végétation, à la portée des plus humbles fortunes.

DRACÆNA. *australis, Draco, brasiliensis, Cordyline*

Cette dernière variété, dont les feuilles striées de rouge et de blanc, avec une large nervure rouge au milieu, ne mesurent pas moins de 1m 50 à 2 mètres, est originaire des montagnes de la Nouvelle-Zélande, et peut être, par conséquent, considérée comme l'une des plus rustiques du genre, comme elle en est une des plus belles. Selon toute apparence, elle pourra être acclimatée en pleine terre, *au moins* dans l'est et le midi de la France.

PELARGONIUM. On en connait aujourd'hui plus de 1600 variétés (fig. 53, tome I).

WIGANDIA. *Caracasana*, plante très-robuste et d'un grand effet (fig. 91, tome I).

Le *Gynerium* (fig. 90, tome I), l'*Arundo donax*, ne sont que trop multipliés aujourd'hui. Nous y joindrons l'*Eryanthus*, l'*Andropogon*, les *Bambusa*, dont quelques espèces se recommandent par leur rusticité.

Nous avons dû entrer dans d'assez grands détails sur ces travaux, parce qu'ils ont en quelque sorte servi de type à ceux qui ont suivi, notamment à la transformation du bois de Vincennes, que beaucoup d'amateurs préfèrent encore au bois de Boulogne. Il est vrai que sur ce terrain, M. Alphand et ses habiles auxiliaires disposaient de ressources naturelles plus puissantes, d'un sol plus riche, et d'une grande quantité de beaux arbres en pleine venue.

Enfin, nous croyons utile de reproduire les plans, et d'indiquer la composition actuelle des massifs du jardin du Luxembourg, due à M. Rivière. Il y a là deux ordres de travaux bien distincts; la composition du nouveau jardin irrégulier, établi sur l'emplacement qu'occupait autrefois la Pépinière des Chartreux, et la décoration de l'ancien jardin régulier de Marie de Médicis; la création du nouveau jardin est due à M. Alphand.

L'idée première et le détail de cette œuvre ont été

amèrement et injustement critiqués. Nous croyons qu'il était difficile de mieux faire dans de telles conditions, et qu'on rendra plus de justice à ce travail quand ses plantations ayant atteint un degré suffisant de croissance, produiront tout l'effet imaginé et préparé par son habile dessinateur, le créateur de nos plus jolies promenades.

Nous mettons sous les yeux du lecteur les deux plans du jardin du Luxembourg, —*état moderne* et *état ancien*. (Voir pages 190 et 191.) Nous reproduisons tous les détails de la plantation moderne, à titre de renseignements pratiques, mais non pour être servilement copiés.

Voici d'abord l'indication des plantes qui entourent les massifs :

1° Pelargonium stella-nosegay ;
2° Achyranthes Verschaffeltii avec Centaurea candidissima sur le devant ;
3° Fuchsia Daniel Lambert ;
4° Pelargonium Tom-Pouce ;
5° Petunia variés ;
6° Pyrethrum grandiflorum.

Les corbeilles sont composées :

1° De Cyperus papyrus entourés d'une bordure de Cyperus alternifolius et de Gazania splendens.
2° Coleus Verschaffeltii, entourés de Centaurea candidissima;
3° Caladium esculentum entourés d'une bordure de Cineraria maritima (*Senecio maritima*) ;
4° Centaurea candidissima entourés de Pelargoniums nains à fleurs rouges ;
5° Fuchsia variés.

Plantes isolées sur les pelouses.

Différentes espèces de conifères, telles que :

Abies pinsapo ;
— Nordmanniana ;
Sequoia gigantea ;
Thuya aurea ;
— compacta ;
— gigantea ;
Thuyopsis borealis ;
Cupressus Lawsoniana ;
— funebris ;
Pinus excelsa ;
Alsophila Australis (*Fougère arborescente*).
Cyathea dealbata. Id.
Woodwardia radicans (*Fougère montée sur un tronc d'arbre*).
Agave Americana ;
— — variegata ;
— Mexicana ;
Bonapartea longifolia ;
Chamærops excelsa.
Encephalartos horrida (*Zamia*).

PARTIE OUEST

Les plantes isolées sur les pelouses sont :

Différentes variétés de Gynerium argenteum ;
Arundo conspicua ;
— donax, entourés de la variété à feuilles panachées ;
Cordyline indivisa (Dracæna) ;
Différentes espèces de conifères ;
Variétés de Rosiers grimpants ;
Tritoma uvaria ;
Polygonum cuspidatum.

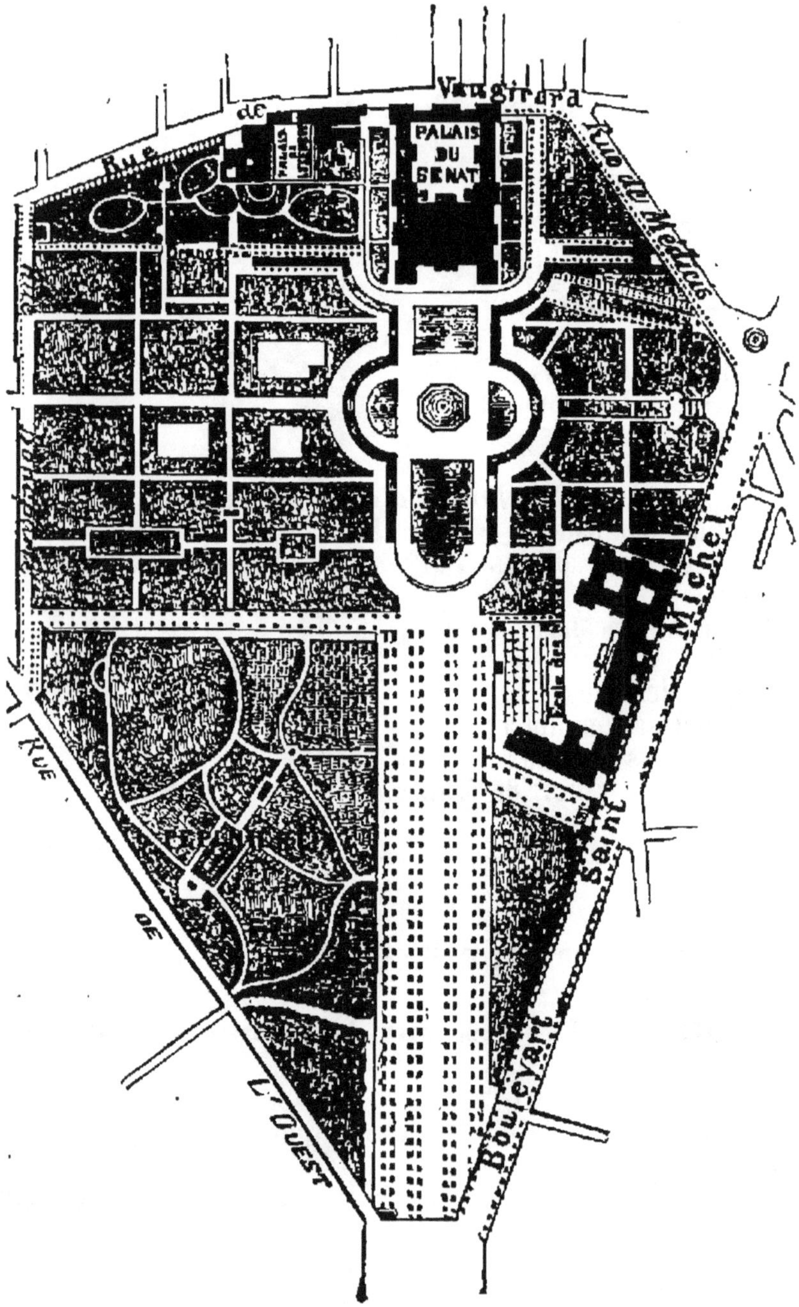

Fig. 39. LE JARDIN DU LUXEMBOURG (Etat ancien).

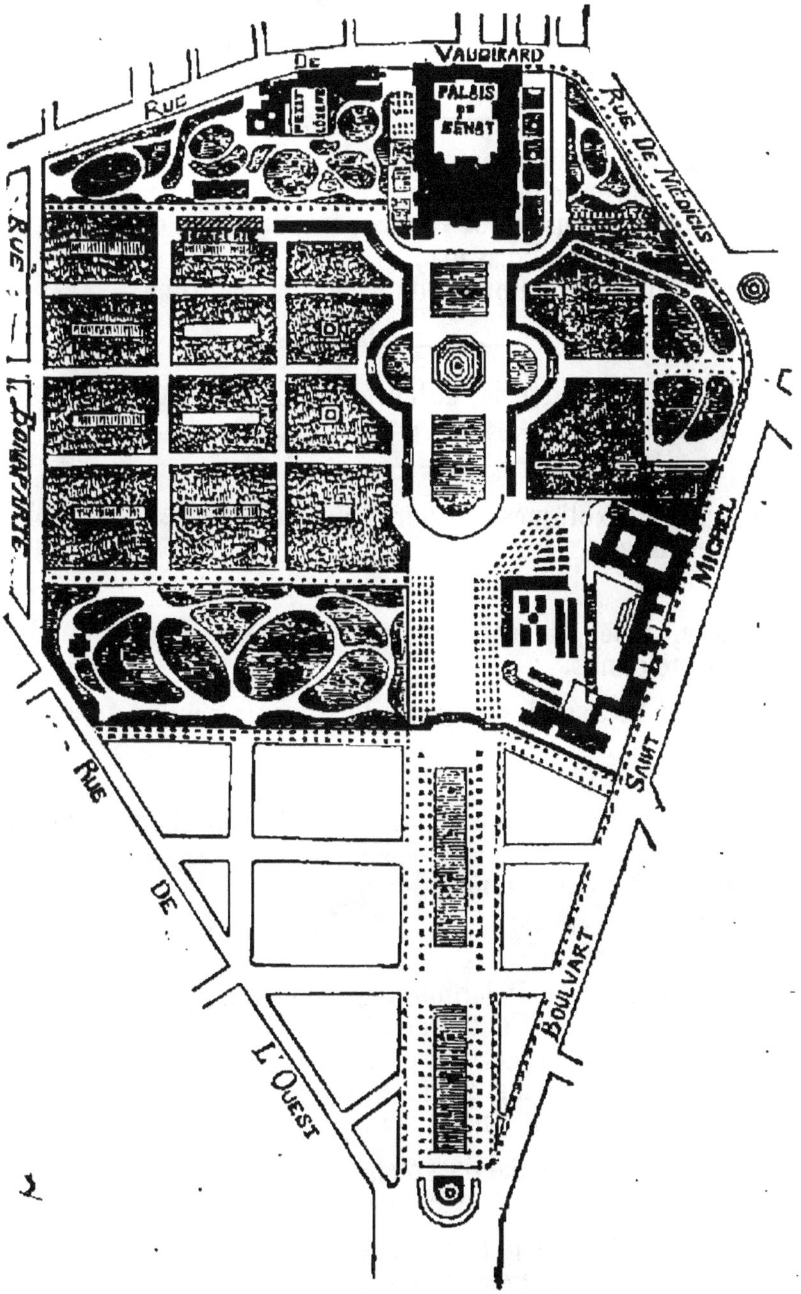

Fig 40. LE JARDIN DU LUXEMBOURG (Etat nouveau).

Plantes groupées en corbeilles :

Aralia papyrifera, entourés de deux rangées de Achyranthe Verschaffeltii,

---

Bonapartea gracilis, entourées de deux rangées de Alternanthera paronychioides;
Wigandia caracasana et Vigierii, entourés de deux bordures de Centaurea candidissima;
Datura arborea, entourés de Cineraria maritima.

Hibiscus rosa sinensis, entourés de Calcéolaires Triomphe de Versailles.

Fougères exotiques, entourés de Calcéolaires Triomphe de Versailles.

Agave, Aloës et autres plantes grasses entourées de Cactées mamelonnés.

Begonia fuchsioïdes, bordés de Begonia semperflorens.

Les massifs sont généralement entourés de trois bordures de plantes :

1° Mirabilis à fleurs jaunes;
— blanches;
— rouges.

2° Deux rangées de Pelargonium Tom-Pouce;
Deux — de Centaurées blanches.

3° Une rangée de Ageratum grands;
— Pyrethrum grandiflorum;
— Ageratum nains.

4° Deux rangées de Salvia splendens;
Une rangée de Cuphea eminens.

5° Deux rangées de Pelargonium stella-nosegay;
Une — Lantana delicatissima.

6° Une rangée de Tagetes patula (Œillet d'Inde grand);
Une — variété naine.

7° Une rangée Ageratum grands;
Une — Pyrethrum frutescens;
Une — Pelargonium Tom-Pouce.

8° Deux rangées de Pelargonium Tom-Pouce;
Deux — Gnaphalium lanatum.

9° Une rangée de Pyrethrum frutescens;
Deux — Pelargonium Eugénie Mézard.

10° Trois rangées de Pelargonium Tom-Pouce.

11° Deux rangées de Lantana camara;
Une — — blanc.

Plates-bandes du Luxembourg. — Nous croyons également devoir reproduire (d'après l'ouvrage : *les Plantes de pleine terre,* édité par M. Vilmorin), comme un modèle dont on peut s'inspirer utilement, mais sans imitation servile, les détails du système d'ornementation adopté pour les plates-bandes de ce même jardin du Luxembourg par son habile jardinier en chef. On y trouvera surtout les plus heureuses indications pour l'emploi des ressources modernes de l'horticulture dans les jardins ou parties de jardins du style régulier.

Ces plates-bandes, encadrées par un filet de gazon, ont une largeur de 2m,50 à 2m,60 ; elles présentent sept rangées de plantes disposées comme il suit (voyez le tableau ci-après) :

La ligne moyenne ou centrale (A) est composée de plantes de première grandeur, séparées de 6 mètres en 6 mètres par un *Lilas Saugé* soumis à la taille; et par quelques *Chèvrefeuilles communs,* tenus bas et taillés en tête, qui sont placés de distance en distance, et qui fleurissent une partie de l'année. Les autres plantes à fleurs composant ces lignes sont disposées dans un ordre tel, que la même espèce, c'est-à-dire la même couleur, ne se répète que de dix plantes en dix plantes, soit environ tous les 5 mètres.

Les deux lignes (B), qui se trouvent de chaque côté de la ligne centrale, et qui forment conséquemment le second rang, sont composées d'une manière identique, avec des plantes de deuxième grandeur placées vis-à-vis les unes des autres, tout en alternant avec celles de la ligne centrale : dans ces lignes, la même plante, ou du moins la même couleur se répète en se faisant pendant sur les deux lignes de cinq en cinq plantes, soit environ tous les $2^{m},50$.

Les deux lignes (C), qui se trouvent de chaque côté des deux précédentes, et qui forment conséquemment le troisième rang, sont composées de plantes de troisième grandeur et identiques, alternant avec celles de la deuxième rangée, et qui, tout en se faisant vis-à-vis et pendants, se trouvent aussi en face de la plante de la ligne centrale ; la même couleur se répète également ici de cinq en cinq plantes, soit environ tous les $2^{m},50$.

Quant aux deux lignes extérieures (D), formant quatrième rang, elles sont également identiques, mais composées avec une seule espèce de quatrième grandeur, plantée serré et d'une couleur unique, faisant contre-bordure entre les lignes fleuries précédentes et le filet ou la bande de gazon, qui est large de 60 centimètres.

La distance entre chacune des cinq lignes centrales (A, B, C) est de 40 à 50 centimètres, et l'espacement des plantes sur ces lignes est de 50 centimètres. Les deux lignes extérieures (D) ne sont éloignées de la rangée qui les précède que de 30 centimètres, et les plantes sont à 25 ou 30 centimètres sur la ligne. La bordure de gazon (E) est à 15 centimètres de la dernière ligne de fleurs.

Nous avons indiqué dans le tableau qui se trouve au *verso* de cette page, au moyen de numéros, la place que doit occuper chaque couleur ou chacune des plantes, dont on trouvera, pages 197 à 202, les noms correspondant à chacun des numéros (1).

De ces plantes, les unes sont vivaces, bisannuelles ou annuelles ; d'autres sont de serre ; quelques-unes sont plantées à demeure et ne sont renouvelées que tous les deux, trois ou quatre ans ; d'autres, et c'est le

(1) Il sera facile, au moyen de couleurs ou de pains à cacheter disposés suivant l'ordre indiqué dans ce tableau, de se faire une idée du bel effet de cette combinaison. Toutes les espèces désignées n'y sont pas en fleur en même temps, mais les fleurs y sont cependant toujours assez abondantes dans chaque saison pour garnir convenablement la plate-bande, et elles y sont combinées de façon à produire toujours un effet d'ensemble agréable.

plus grand nombre, sont plantées par saison, c'est-à-dire qu'on arrache celles qui sont défleuries pour les remplacer par de nouvelles plantes élevées dans la pépinière d'attente, ou bien préparées et cultivées en pots.

La plupart des plantes annuelles (ordinairement assez maigres en sujets isolés),

E																					
D	oooooooooooooooooooooooooooooooooooooooooooooooo																				
C	32	33	34	35	36	37	38	39	40	41	32	33	34	35	36	37	38	39	40	41	32
B	22	23	24	25	26	27	28	29	30	31	22	23	24	25	26	27	28	29	30	31	22
A	1	2	3	4	5	6	7	8	9	10	11	12	13	14	15	16	17	18	19	20	21
B	22	23	24	25	26	27	28	29	30	31	22	23	24	25	26	27	28	29	30	31	22
C	32	33	34	35	36	37	38	39	40	41	32	33	34	35	36	37	38	39	40	41	32
D	oooooooooooooooooooooooooooooooooooooooooooooooo																				
E																					

sont semées ou repiquées en touffes ou par groupes; ou, ce qui vaut mieux encore, élevées à pleines potées. Avec ce dernier système, on aura toujours à disposition, en temps utile, des touffes bien développées, qui ne souffrent aucunement de cette opération, garnissent de suite et fleurissent abondamment.

PLATES-BANDES DU PARTERRE

FAISANT FACE AU PALAIS DU SÉNAT ET SE PROLONGEANT VERS L'AVENUE DE L'OBSERVATOIRE

A. Ligne centrale.

1re GRANDEUR.

Nos

1. Lilas Saugé, *entouré à la base* d'Aubrietia.
   Lilas rougeâtre et violet.
2. Gladiolus Gandavensis var. en touffe.
   Rose ou rouge.
3. Soleil vivace à fl. doubles.
   Jaune.
   ou Dahlia jaune.
4. Phlox vivace blanc.
   Blanc.
5. Digitale pourpre.
   Suivie par
   Cosmos bipinné à gr. fl.
   Rouge pourpre.
6. Lonicera caprifolium, Chèvrefeuille des jardins.
   Rouge et blanc jaunâtre.
   ou Rose trémière.
   Cuivrée.

Nos

7. Geranium zonale type.
   Rouge-cerise ou pourpré.
   ou Fuchsia globosa.
   Rouge.
8. Buglosse d'Italie.
   Bleu violet.
   Suivie par
   Dahlia violet.
   Violet.
   ou Ageratum grand.
   Bleu.
9. Gaura Lindheimeri.
   Blanc et rose.
10. Phlox vivace, var.
    Pourpre, violet ou roses.
11. Lilas Saugé, *entouré à la base de* Saponaria ocimoides.
    Lilas rougeâtre et rose.

Nos

12. Gladiolus Gandavensis var., en touffe.
Rouge ou rose.

13. Cassia floribunda.
Jaune.

14. Phlox vivace blanc.
Blanc.

15. Digitale pourpre, *suivie par* Cosmos bipinné à gr. fl.
Rouge pourpre.

16. Rose trémière.
Couleur variée ou cuivrée.

Nos

17. Geranium zonale type.
Rouge-cerise ou pourpré.
ou Fuchsia globosa ou F. surprise.
Rouge.

18. Soleil vivace à fl. doubles.
Jaune.

19. Gaura Lindheimeri.
Blanc et rose.

20. Phlox vivace, var.
Pourpre, violet ou rose.

21. Lilas Saugé, *entouré à la base* d'Aubrietia.
Lilas rougeâtre et violet.

Continuer les mêmes espèces dans le même ordre, en reprenant la série à partir du n° 2.

B B. Deuxièmes lignes.

2e GRANDEUR.

Nos

22. Achillée d'Egypte ou à feuilles de Filipendule *ou* Anthémis frutescent.
Jaune.
ou Coréopsis vivace.
Jaune.

23. Œnothera speciosa.
Blanc.

24. Coquelourde des jardins *ou* Phlox vivace.
Rouge ou rouge pourpré.
Suivi par
Pentstemon campanulatus *ou* pulchellus.
Rouge ou rose.
ou Balsamine double couleur de chair ou rose.

Nos

25. Delphinium formosum.
Bleu indigo.
Suivi par
Ageratum bleu moyen.
Bleu azur.

26. Schizanthus retusus.
Rouge rosé.
Suivi par
Fuchsia globosa.
Rouge.
ou Monarde fistuleuse.
Violet.

27. Coréopsis élégant *ou* Coréopsis vivace.
Jaune et brun.
Suivi par
Œillet d'Inde.
Jaune et brun.

Nᵒ

28. Achillea Ptarmica double.
Blanc.
Suivi par
Aster multiflorus.
Blanc.
ou Chrysanthemum fœniculaceum.
Blanc.

29. Silène d'Orient.
Rose.
Suivi par
Belle-de-nuit à fl. rouges.
Rouge.
ou Phlox vivace.
Rose.

Nᵒˢ

30. Aconit bicolore (A. hebegynum).
Bleu et blanc.
ou Ageratum moyen.
Bleu.

31. Thlaspi violet grand.
Violet.
Suivi par
Fuchsia globosa.
Rouge.
ou Zinnia élégant.
Violet.
ou Dahlia pourpre Zelinda.
Violet pourpré.

Continuer les mêmes espèces dans le même ordre, en reprenant la série au nᵒ 22.

C C. Troisièmes lignes.

3ᵉ GRANDEUR.

Nᵒˢ

32. Ancolie de Sibérie.
Bleu et blanc.
Suivie par
Ageratum nain bleu.
Bleu clair.

33. Œillet de poëte.
Rouge et violet.
Suivi par
Phlox Forest (nain).
Rouge.
Suivi par
Balsamine rouge double.
Rouge.

Nᵒˢ

34. Coréopsis de Drummond ou en couronne.
Jaune.
Suivi par
Tagetes lucida *ou* Œnothera serotina.
Jaune.

35. Thlaspi blanc vivace.
Blanc.
Suivi par
Chrysanthème frutescent grandes fleurs.
Blanc.

Nos

36. Viscaria oculata.
Rose.
Suivi par
Phlox madame Andry (nain).
Blanc rosé à œil rose.
ou Phlox blanc nain.
Suivi par
Balsamine double rose.
Rose.

37. Lin vivace.
Bleu.
Suivi par
Ageratum nain bleu *ou* Héliotrope bleu foncé.
Bleu.

38. Dianthus superbus.
Chair ou blanc lilacé.
ou Œillet Flon.
Rouge.
Suivi par
Lantana Camara.
Rouge ou orange.
ou Phygelius Capensis.
Rouge orange.

Nos

39. Alysse corbeille d'or.
Jaune.
Suivi par
Œnolhera serotina, ou Tagetes lucida, *ou* Anthémis frutescent jaune.
Jaune.

40. Arabette des Alpes *ou* Viscaria oculata blanc.
Blanc.
Suivi par
Matricaire Mandiane.
Blanc.
Suivie par
Fuchsia Rose de Castille.
Blanc et violet.
ou Phlox blanc nain.

41. Valeriana montana.
Chair.
ou Giroflée de Delile.
Violet pourpre.
Suivie par
Geranium zonale rose Beauté des parterres.
Rose.

Et continuer dans le même ordre, en reprenant la série au no 32.

D D. Contre-bordures.

Formées, pour la première saison, d'une seule couleur avec l'une des plantes suivantes, ou avec les diverses espèces, en faisant alterner les couleurs.

Saisons.

1re. Silene pendula.
Rose ou blanc.
Pensées à grandes fleurs.
Couleur variée.
Myosotis alpestris.
Bleu ou blanc.

Saisons.

1re Suite. Nemophila insignis.
Bleu ou blanc.

2e et 3e. Géranium rouge Tom-Pouce (1).
Ecarlate.

(1) Cette ligne unicolore rouge peut être remplacée par une ligne blanche, bleue ou lilas, ou bien on fait alterner sur le rang un *Nierembergia gracilis* (blanc lilacé), avec un *Lantana delicatissima* (violet).

E E. Bordures de gazon.

Les plates-bandes en fer à cheval qui terminent le parterre faisant face au palais et qui en bordent les bassins ne présentent aucun *Lilas*, et elles ne diffèrent des précédentes que par quelques modifications apportées dans les plantes occupant la ligne centrale, qui sont réglées ici dans l'ordre suivant :

A. Ligne centrale.

1re GRANDEUR.

Nos		Nos	
1.	Buglosse d'Italie (Anchusa). Bleu violet. *Suivie par* Ageratum cœlestinum grand. Bleu.	5.	Digitale pourpre. *Suivie par* Cosmos bipinné à gr. fleurs. Pourpre.
2.	Gladiolus Gandavensis variés (en touffe). Couleurs variées.	6.	Pivoine en arbre. Rose.
3.	Lonicera Caprifolium (Chèvrefeuille des jardins). Rouge et blanc jaunâtre.	7.	Cassia floribunda. Jaune.
4.	Lis blanc simple (Lilium candidum). Blanc.	8.	Gaura Lindheimeri. Blanc et rose.
		9.	Phlox vivace, var. Violet rose.
		10.	Recommencer à partir du no 1, et continuer dans le même ordre.

Les Lignes B B, C C, D D et E E, ont la même ornementation que dans les plates-bandes précédentes.

Indépendamment des plantes qui viennent d'être mentionnées, et qui se retrouvent pour la plupart dans les diverses autres parties des parterres du jardin du Luxembourg, on trouve dans les plates-bandes qui avoisinent immédiatement le palais, et qui n'ont plus que trois rangées de fleurs, quelques autres espèces dignes d'être mentionnées, et dont nous donnons ci-après une liste comme complément des plantes à plates-bandes.

Alysse odorant ou maritime à feuilles panachées.
Asters vivaces assortis.
Balsamines assorties.
Belles-de-nuit assorties.
Campanula persicæfolia *bleu* double.
— *blanc* double.
Campanula Carpatica *bleu*.
— *blanc*.
autumnalis, variétés.
Chrysanthèmes de l'Inde et de Chine assortis.
Clarkia pulchella *rose*.
— *blanc*.
Collinsia bicolor, *bleu* et *blanc*.
Coquelourde des Jardins *blanche à cœur rose*.
Coréopsis vivace (auriculata), *jaune*.
Croix de Jérusalem *rouge* double
Cuphea eminens, *orangé*.
Cupidone *bleue*.
var. *blanche*.
Dahlia nain *pourpre* Zelinda.
Dielytra spectabilis, *rose*.
Epilobte à épi *rose*.
— *blanc*.
Erigeron speciosum, *bleu*.
Eschscholtzia Californica, *jaune*.
crocea, *orange*.
Fraxinelle *rouge*.
var. *blanche*.
Fuchsia surprise.
étoile de Castille.
globosa.
(Parfois élevés en tige comme les Rosiers.)
Galane barbue, *rouge*.
Gazania splendens.
Geranium platypetalum, *bleu*.
Giroflées *jaunes* (Cheiranthus Cheiri).
Godetia rubicunda, *rouge*.
Schamini, *chair*.
Gypsophila paniculata, *blanc*.
Héliotrope du Pérou, *blanc bleuâtre*.
var. *bleu foncé*.
Immortelles à bractées, *jaune*.
— *blanche*.
à grandes fleurs, *violette* ou *pourpre*.
Julienne des jardins, *blanche* double.
— *violette* double.
Lin de Sibérie, *bleu clair*.
vivace à fleurs *blanches*.
Lobelia cardinalis queen Victoria. *écarlate*.
Lobelia fulgens, *écarlate*.
Erinus, *bleu*.
Lychnis Viscaria double, *rouge rosé*.
Lythrum virgatum.
Matricaria eximia, *blanc*.
Monarda didyma, *écarlate*.
à fleurs *blanches*.
Mufliers variés.

Œillet Flon, *rouge rosé.*
— *blanc.*
d'Espagne ou badin, *rouge rosé.*
Pétunia *blanc.*
violet.
hybride *varié.*
(Ils sont plantés autour des tiges des Rosiers greffés et des Fuchsias élevés en tête.)
Phlox de Drummond, *rose, rouge, blanc* ou variés.
Phygelius Capensis, *rouge orangé*
Pivoines officinales doubles assorties.
de Chine ou edulis assorties.
en arbre.
Polémoine *bleue.*
blanche.
Reines-Marguerites assorties.
Réséda, *vert.*
Roses d'Inde diverses, *jaune* et *jaune orangé.*
Rosiers greffés en tige assortis.
Sainfoin d'Espagne *rouge.*
— *blanc.*
Scabieuse des jardins grande, *pourpre.*
— naine, *pourpre* ou *rose.*
Souci double, *jaune orangé.*
Valériane *rouge* des jardins.
— à fleurs *blanches.*
Véroniques vivaces *bleues* ou *bleu violet.*
de Lindley et d'Anderson, *bleu clair, violet* ou *blanc bleuâtre.*
Verveines hybrides assorties.
Viscaria oculata et var. *blanche.*
Zinnias variés.

Quelques-unes de ces plantes servent aussi parfois à remplacer les vides qui surviennent dans les plates-bandes, par suite de mortalité ou de non-réussite de quelques-unes des espèces mentionnées dans les premières combinaisons : on choisit à cet effet les plantes dont les dimensions, le port, la couleur des fleurs et l'époque de floraison présentent le plus d'analogie avec les espèces qu'elles sont appelées à remplacer.

Dans quelques parties du jardin, on remarque, surtout au commencement du printemps, des plates-bandes ou massifs ornés de la façon suivante, soit chaque espèce formant une bande ou une ligne distincte, soit les diverses couleurs se suivant et alternant sur les lignes :

Arabette des Alpes, *blanche*,
avec
Doronic du Caucase, *jaune*.

Myosotis alpestris *bleu*.
avec
Myosotis alpestris *blanc*.

Giroflées *jaunes* ou *brunes*,
avec
Arabette des Alpes, *blanche*.

Thlaspi *blanc* vivace,
avec
Alysse corbeille d'or, *jaune*.

Silene pendula *rose*.
avec
Silene pendula *blanc*.

Viscaria oculata *rose*.
avec
Viscaria oculata *blanc*.

D'autres plates-bandes et même de petits massifs sont ornés uniquement, à la même époque, avec le *Valeriana montana* (*chair*), ou la Giroflée *jaune* (*Cheiranthus Cheiri*).

Les grands vases qui ornent les terrasses, perrons, etc., sont garnis pour le printemps avec l'Alysse corbeille d'or, *jaune*, et pour l'été et l'automne, d'après les combinaisons suivantes :

Petits vases.
Géranium *rouge* zonale *ou* G. Tom-Pouce, *entouré de* Géranium à feuilles de Lierre, *blanc rosé*.
ou
Géranium rouge, *entouré de* Pétunia *blanc*. *et de* Pétunia *violet*.

Grands vases.
Phormium tenax *au milieu*.
Géranium *rouge* Tom-Pouce *en 2e ligne*.
Nierembergia gracilis *en 3e ligne*.
Pervenche à feuilles panachées *en bordure*.

Les vases placés à l'ombre sous des arbres sont garnis avec
Hortensia, *et bordure de* Géranium à feuilles de Lierre.

Enfin, dans le jardin réservé, il existe, autour de certains massifs ou bosquets, quelques combinaisons d'un effet remarquable. Ce sont, entre autres, une bordure de *Lierre d'Irlande*, de 60 centimètres, dans laquelle est mélangé du *Géranium à feuilles de Lierre*, planté à la fin de mai, dont les fleurs, d'un *blanc rosé* et très-abondantes, viennent s'épanouir au-dessus du *Lierre*; en contre-bordure, c'est-à-dire par derrière, se trouve une rangée de *Géraniums rouges Tom-Pouce* qui précède immédiatement les arbustes composant les massifs.

Ailleurs, ce sont des massifs d'arbustes bordés d'une simple rangée de *Géraniums rouges* (*zonale, inquinans* ou *Tom-Pouce*), ou *roses* (Beauté des parterres) ; sur d'autres points, les Géraniums sont remplacés par des *Anthémis frutescens à grandes fleurs blanches*, ou bien par des *Fuchsias*, des *Pétunias*, ou des *Verveines unicolores*, du *Nierembergia*, etc. Il existe encore, dans certaines parties, des massifs composés uniquement de *Géranium zonale*, encadrés aussi avec des *Géraniums*, mais à *feuilles panachées de blanc*, tels que *G. flower of the day*, avec bordure de *G. Manglesii*. Puis, d'autres massifs formés de *Coleus Verschaffeltii* entouré d'*Alysse maritime à feuilles panachées*, de *Centaurea candidissima* ou de *Cinéraire maritime*; de *Pétunia violet* ou *violet panaché de blanc*, avec du *Pétunia blanc*, auxquels sont associés parfois des *Geranium zonale* ou *inquinans*; de *Cyperus papyrus*, entourés de *Coleus* ou d'*Achyranthes Verschaffeltii*, entourés eux-mêmes de *Gnaphalium lanatum*, avec bordure de *Gazania splendens*. Çà et là, sur les pelouses, des massifs de *Rhododendron* entourés de *Tigridia;* des groupes de plantes grasses : *Agave, Aloès, Euphorbes, Cereus, Cactus, Echinocactus, Melocactus*, etc.; puis des *Gynerium*, des *Palmiers*, des *Cycas*, des *Phormium*, des *Yuccas*, des *Osmondes*, isolés ou groupés dans les parties les plus en vue.

PARC DES BUTTES CHAUMONT.

Nous reproduisons le plan et la composition de cette œuvre remarquable, dans laquelle M. Alphand s'est surpassé lui-même. Elle offre aux artistes et aux amateurs un répertoire précieux pour la plantation et la décoration de jardins irréguliers (1).

1. Massif

A. Ailantus glandulosus. Æsculus hippocastanum. Robinia pseudo-Acacia. Tilia argentea. Ulmus campestris.

Ar. Berberis vulgaris foliis purpureis. Cornus sanguinea. Forsythia suspensa. Hibiscus syriacus. Ligustrum ovalifolium. Sambuscus nigra. Viburnum opulus sterilis.

2. Isolé

Thuiopsis borealis.

3. Massif

A. Acer pseudo-Platanus. Æsculus rubicunda. Cercis siliquastrum. Kœlreuteria paniculata. Populus alba. Sophora japonica.

Ar. Chamæcerasus tartarica. Cornus sanguinea. Evonymus europeus. Philadelphus coronarius. Genista sibirica. Spirea Billardii. Syringa vulgaris. Salix rosmarinifolia.

4. Isolé

Acer macrophyllum.

(1) A. désigne les *Arbres*, Ar. les *Arbustes*.

5. Massif

A.
- Æsculus hippocastanum.
- Ailantus glandulosus.
- Kœlreuteria paniculata.
- Populus alba.
- Tilia europæ.

Ar.
- Amorpha glabra.
- Berberis vulgaris.
- Deutzia scabra.
- Hibiscus syriacus.
- Rhus cotinus.
- Rubus odoratus.
- Spirea callosa.
- — Lindleyana.

6. Massif

A.
- Acer pseudo-Platanus.
- Cercis siliquastrum.
- Robinia pseudo-Acacia.
- Sophora japonica.
- Tilia argentea.
- Ulmus microphylla.

Ar.
- Amorpha glabra.
- Chamæcerasus tartarica.
- Deutzia scabra.
- Evonymus europeus.
- Ligustrum ovalifolium.
- Sambuscus nigra.
- Spirea callosa.
- Viburnum opulus sterilis.

7. Massif

A.
- Acer pseudo-Platanus.
- Æsculus hippocastanum.
- — rubicunda.
- Robinia pseudo-Acacia.
- Ulmus campestris.

Ar.
- Cornus sanguinea.
- Forsythia suspensa.
- Philadelphus coronarius.
- Genista sibirica,
- Rubus odoratus.
- Spirea Billardii,
- — callosa.
- Syringa vulgaris.
- Viburnum opulus sterilis.

8. Massif

Pinus austriaca.
Thuia gigantea.
Thuiopsis borealis.

9. Massif

Pinus austriaca.
Thuia gigantea.
Thuiopsis borealis.

10. Massif

Pinus austriaca.
Thuia gigantea.
Thuiopsis borealis.

11. Massif

Pinus austriaca.
Thuia gigantea.
Thuiopsis borealis.

12. Massif

Pinus austriaca.
Thuia gigantea.
Thuiopsis borealis.

13. Massif

Pinus austriaca.
Thuia gigantea.
Thuiopsis borealis.

14. Massif

A.
- Acer pseudo-Platanus.
- Æsculus hippocastanum.
- Cytisus Laburnum.
- Cratægus oxiacantha.
- Fraxinus excelsior.
- Salix argentea.
- Tilia europea platiphylla.
- Ulmus campestris.

Ar.
- Amorpha glabra.
- Colutea arborescens.
- Cytisus hirsutus.
- Deutzia gracilis.
- Ribes aureum.
- — sanguineum.
- Syringa Rothomagensis.

15. Massif

A.
- Acer Negundo.
- — pseudo-Platanus.
- Catalpa syringæfolia.
- Cerasus Mahaleb.
- Cercis siliquastrum.
- Cytisus Laburnum.
- Sorbus aucuparia.

Ar.
- Baccharis halimifolia.
- Colutea arborescens.
- Forsythia viridissima.
- Genista juncea.
- Lonicera Ledebourii.
- Ligustrum ovalifolium.
- Ptelea trifolia.
- Ribes sanguineum.
- Spirea lanceolata.
- — ulmifolia.
- Syringa vulgaris.

16. Massif

A.
- Æsculus hippocastanum.
- Celtis australis.
- Cytisus Laburnum.
- Gleditschia triacanthos.
- Robinia pseudo-Acacia.

Ar.
- Amorpha glabra.
- Berberis dulcis.
- Cerasus lauro-Cerasus.
- — Mahaleb.
- Evonymus europeus.
- Rhus cotinus.
- Sambucus nigra.
- Staphylea colchica.
- Spirea bella.
- Viburnum Lantana.

17. Massif

A.
- Acer pseudo-Platanus.
- — Negundo.
- Æsculus hippocastanum.
- — rubicunda.
- Broussonetia papyrifera.
- Robinia pseudo-Acacia.
- — viscosa.
- Sophora japonica.

Ar.
- Berberis dulcis.
- Forsythia viridissima.
- Hibiscus syriacus.
- Ligustrum ovalifolium.
- Ptelea trifolia.
- Rhus cotinus.
- Rubus odoratus.

18 Massif.

A.
- Acer pseudo-Platanus.
- — Negundo.
- — campestris.
- Æsculus hippocastanum.
- Ailantus glandulosus.
- Cerasus Padus flore pleno.
- Cytisus Laburnum.
- Cercis siliquastrum.
- Sophora japonica.
- Betula alba.

Ar.
- Buxus arborescens.
- Chamæcerasus tartarica.
- Ligustrum ovalifolium
- Mahonia aquifolium.
- Ribes aureum.
- Symphoricarpus vulgaris.
- Syringa vulgaris.
- — — alba.
- — — cœrulea.
- Taxus baccata.

19. Massif

A.
- Acer Negundo.
- — pseudo-Platanus.
- Æsculus rubicunda.
- Robinia pseudo-Acacia.
- — viscosa.
- Sophora japonica.

Ar.
- Amorpha glabra.
- Berberis dulcis.
- Hibiscus syriacus.
- Ptelea trifolia.
- Rubus odoratus.

20. Massif

Pinus austriaca.
Thuia gigantea.
Thuiopsis borealis.

21. Massif.

Pinus austriaca.
Thuia gigantea.
Thuiopsis borealis.

22. Corbeille

Lantana var. rosea nana.
Pelargonium zonale-inquinans var. *Eugénie Mézard*.

23. Massif

Abies excelsa.
Taxus baccata.

24. Massif

Buxus arborescens.
Mahonia aquifolium.
Phillyrea angustifolia.
Quercus viridis.
Viburnum Tinus.

25. Massif

Abies excelsa.
Taxus baccata.

26. Massif

A.
- Acer Negundo.
- — pseudo-Platanus.
- Æsculus hippocastanum.
- Ailantus glandulosus.
- Cytisus Laburnum.
- Robinia pseudo-Acacia.
- Sophora japonica.

Ar.
- Deutzia gracilis.
- — scabra.
- Forsythia viridissima.
- Hippophae rhamnoides.
- Ligustrum ovalifolium.
- Spirea salicifolia.

27. Corbeille

Erythrina crista-galli var. *Marie Bellanger*.

28. Massif

A.
- Acer platanoides.
- Cercis siliquastrum.
- Cytisus hirsitus.
- — Laburnum.
- Robinia pseudo-Acacia.
- Sorbus aucuparia.
- Sophora japonica.

Ar.
- Berberis vulgaris foliis purpureis.
- Cerasus Mahaleb.
- Cytisus trifolium.
- Potentilla fruticosa.
- Spirea lanceolata.

29. Groupe

Tilia europea platiphylla.

30. Massif

A.
Acer Negundo.
— pseudo-Platanus.
Æsculus hippocastanum.
Cercis siliquastrum.
Cytisus Laburnum.
Cerasus Padus communis.
Populus alba.
Sorbus aucuparia.

Ar.
Berberis dulcis.
Colutea arborescens.
Philadelphus coronarius.
Ptelea trifolia.
Ribes sanguineum.
Spirea bella.
— lanceolata.
— ulmifolia.

31. Massif

A.
Acer pseudo-Platanus.
Æsculus hippocastanum.
Catalpa syringæfolia.
Cerasus Mahaleb.
Cratægus oxiacantha.
Cerasus Padus communis.
Tilia europea platiphylla.

Ar.
Baccharis halimifolia.
Berberis vulgaris.
Colutea arborescens.
Genista juncea.
Lonicera Ledebourii.
Philadelphus inodorum.
Ribes aureum.
— sanguineum.
Syringa vulgaris.

32. Massif

A.
Acer pseudo-Platanus.
— monspessulanum.
— platanoides.
Æsculus hippocastanum.
Cerasus Padus communis.
Paulownia imperialis.

Ar.
Buxus arborescens.
Cerasus lauro-Cerasus.
Evonymus japonicus.
Hibiscus syriacus.
Phillyrea angustifolia.
Rhus cotinus.
Viburnum Tinus.
Mespilus pyracantha.

33. Massif

A.
Acer pseudo-Platanus.
Æsculus hippocastanum.
Ailantus glandulosus.
Cerasus Padus communis.
Tilia europea platiphylla.

Ar.
Caragana altagana.
Ligustrum ovalifolium.
Philadelphus coronarius.
Spirea lanceolata.
— Revesii.
Syringa vulgaris rubra major
Taxus baccata.

34. Massif

A.
Acer Negundo.
— pseudo-Platanus.
Æsculus hippocastanum.
Ailantus glandulosus.
Cytisus Laburnum.
Sophora japonica.

Ar.
Deutzia scabra.
Forsythia viridissima.
Hippophae rhamnoides.
Ligustrum ovalifolium.
Spirea salicifolia.

35. Massif

A.
- Acer pseudo-Platanus.
- Æsculus hippocastanum.
- Ailantus glandulosus.
- Cerasus Padus communis.
- Tilia europea.

Ar.
- Caragana altagana.
- Ligustrum ovalifolium.
- — lucidum.
- Philadelphus inodorum.
- Spirea bella.
- — lanceolata.
- — Lindleyana.
- — Revesii.
- Syringa vulgaris.
- — — alba.
- — — rubra major
- Taxus baccata.

36. Massif

A.
- Æsculus hippocastanum.
- — rubicunda.
- Broussonetia papyrifera.
- Cratægus oxiacantha.
- Cytisus Laburnum.
- Fraxinus ornus.
- Gleditschia triacanthos.

Ar.
- Berberis vulgaris foliis purpureis.
- Coronilla emerus.
- Eleagnus reflexa.
- Hibiscus syriacus.
- Ligustrum ovalifolium.
- Spirea lanceolata.
- — Lindleyana.
- Syringa vulgaris.

37. Massif

A.
- Acer pseudo-Platanus.
- Æsculus hippocastanum.
- Ailantus glandulosus.
- Cerasus Padus communis.
- Tilia europea platiphylla.

Ar.
- Caragana altagana.
- Ligustrum ovalifolium.
- Philadelphus coronarius.
- Spirea bella.
- — callosa.
- Spirealanceolata.
- — Lindleyana.
- Syringa vulgaris.
- Taxus baccata.

38. Massif

A.
- Æsculus hippocastanum.
- Broussonetia papyrifera.
- Cratægus oxiacantha.
- Cytisus Laburnum.
- Fraxinus ornus.
- Gleditschia triacanthos.

Ar.
- Berberis vulgaris foliis purpureis.
- Coronilla emerus.
- Eleagnus reflexa.
- Hibiscus syriacus.
- Ligustrum ovalifolium.
- Spirea lanceolata.
- Syringa vulgaris.

39. Massif

A.
- Acer Negundo.
- — pseudo-Platanus.
- Ailantus glandulosus.
- Cercis siliquastrum.
- Cytisus Laburnum.
- Sophora japonica.

Ar.
- Buxus arborescens.
- Caragana altagana.
- Ligustrum ovalifolium.
- Spirea bella.
- — callosa.
- — lanceolata.
- Syringa vulgaris alba.
- Taxus baccata.

40. Massif

A. Acer campestris.
Æsculus hippocastanum.
Betula alba.
Cerasus Padus communis.
Sophora japonica.

Ar. Chamæcerasus tartarica.
— Royleana.
Eleagnus angustifolius.
Mahonia aquifolium.
Ribes aureum.
Syringa vulgaris cœrulea.
Taxus baccata.

41. Massif

A. Acer Negundo.
Ailantus glandulosus.
Betula alba.
Cytisus Laburnum.
Sophora japonica.

Ar. Buxus arborescens.
Chamæcerasus tartarica.
Ligustrum ovalifolium.
Spirea lanceolata.
Symphoricarpus vulgaris.
Syringa vulgaris rubra major.
Taxus baccata.

42. Massif

A. Acer pseudo-Platanus.
— campestris.
Æsculus hippocastanum.
Cerasus Padus flore pleno.
Cercis siliquastrum.
Cytisus Laburnum.
Sophora japonica.

Ar. Buxus arborescens.
Caragana altagana.
Chamæcerasus fructu cœruleo.
Chamæcerasus tartarica.
Mahonia aquifolium.
Spirea callosa.
Syringa vulgaris alba.
Taxus baccata.

43. Massif

Abies excelsa.
Pinus laricio.
Taxus baccata.

44. Massif

A. Acer campestris.
— Negundo.
— pseudo-Platanus.
Æsculus hippocastanum.
Ailantus glandulosus.
Cerasus Padus communis.
Betula alba.
Cercis siliquastrum.

Ar. Caragana altagana.
Chamæcerasus tartarica.
Ligustrum ovalifolium.
Mahonia aquifolium.
Ribes aureum.
Spirea bella.
— lanceolata.
Syringa vulgaris.
Taxus baccata.

45. Massif

Buxus arborescens.
Mahonia aquifolium.
Pinus austriaca.

46. Massif

A. Abies excelsa.
Pinus austriaca.
Tilia europea platiphylla.

Ar. Cerasus lauro-Cerasus.
Ligustrum ovalifolium.
Rhamnus Alaternus.
Taxus baccata.

47. Massif

A. Tilia europea platiphylla.
Ar. Rhamnus Alaternus.

48. Massif

A. Tilia europea platiphylla.
Ar. Rhamnus Alaternus.

49. Massif

Juniperus sabina.
Thuiops s borealis.

50. (Poche)

Forsythia viridissima.
Philadelphus coronarius.
Salix babylonica.
Syringa vulgaris.
Tamarix tetranda.

51. (Poche)

Philadelphus coronarius.
Salix babylonica.
Syringa vulgaris alba.
Tamarix tetranda.

52. (Poche)

Alnus cordifolia.
Cytisus Laburnum.
Populus alba.
Salix babylonica.
Syringa vulgaris cœrulea.
Tamarix tetranda.

53. (Poche)

Alnus imperialis.
Forsythia suspensa.
Populus alba.
Salix babylonica.
Syringa vulgaris alba.

54. Massif

A. { Æsculus hippocastanum.
Cerasus Padus communis.
Paulownia imperialis.
Rhus coriaria.

Ar. { Buxus arborescens.
Cerasus lauro-Cerasus.
Hibiscus syriacus.
Mespilus pyracantha.

55. Massif

A. { Acer Negundo.
— pseudo-Platanus.
Æsculus hippocastanum.
— rubicunda.
Paulownia imperialis.

Ar. { Cerasus lauro-Cerasus.
Evonymus japonicus.
Hibiscus syriacus.
Phillyrea angustifolia.
Viburnum Tinus.

56. Corbeille

Calceolaria rugosa.
Nierenbergia frutescens.

57. Massif

A. { Acer macrophyllum.
— pseudo-Platanus.
— rubrum.
Æsculus hippocastanum.
Catalpa syringæfolia.
Fagus purpurea.
Kœlreuteria paniculata.
Tilia europea platiphylla.
Virgilia lutea.

Ar. { Cerasus lauro-Cerasus.
Garrya elliptica.
Ligustrum japonicum.
Phillyrea latifolia.
Viburnum Tinus.

58. Massif

A.
Acer pseudo-Platanus.
— rubrum.
Æsculus hippocastanum.
Fagus purpurea.
Tilia europea platiphylla.
Virgilia lutea.

Ar.
Aucuba japonica.
— — viridis.
Cerasus lauro-Cerasus.
Ligustrum ovalifolium.
Phillyrea oleifolia.
— latifolia.
Viburnum Tinus.

59. Massif

A.
Acer macrophyllum.
— rubrum.
Catalpa syringæfolia.
Fagus purpurea.
Kœlreuteria paniculata.
Virgilia lutea.

Ar.
Aucuba japonica latimaculata.
Garrya macrophylla.
Ligustrum japonicum.
— ovalifolium.
Phillyrea angustifolia.

60. Massif

A.
Acer macrophyllum.
— pseudo-Platanus.
Æsculus hippocastanum.
Kœlreuteria paniculata.
Tilia europea platiphylla.
Virgilia lutea.

Ar.
Aucuba japonica.
Cerasus lauro-Cerasus.
Garya elliptica.
Ligustrum ovalifolium.
Phillyrea angustifolia.
— oleifolia.
Viburnum Tinus.

61. Groupe

Magnolia grandiflora.

62. Groupe

Magnolia grandiflora.
Populus fastigiata italica.

63. Groupe

Populus fastigiata italica.

64. Massif

A.
Æsculus hippocastanum.
Cercis siliquastrum.
Kœlreuteria paniculata.

Ar.
Aucuba japonica.
Cerasus lauro-Cerasus.
Ligustrum japonicum.
— ovalifolium.
Phillyrea angustifolia.
Rhamnus Alaternus.
Viburnum Tinus.

65. Massif

A.
Acer Negundo.
— rubrum.
Æsculus hippocastanum.
Ailantus glandulosus.
Broussonetia papyrifera.
Malus baccata fructu albo.
Robinia inermis.
Tilia europea platiphylla.

Ar.
Berberis dulcis.
Caragana frutescens.
Cornus sanguinea.
Corylus macrocarpa.
Ligustrum ovalifolium.
Rhamnus frangula.
Ribes alpinum.
Spirea bella.
— thalictroides.
Weigelia amabilis.

66. Groupe

Cedrus libanii.

67. Groupe

Thuia plicata.

68. Massif

A. { Betula alba.
— nigra.
Broussonetia papyrifera.
Cratægus oxiacantha.
Rhus coriaria.

Ar. { Amorpha glabra.
Berberis vulgaris foliis purpureis.
Chamæcerasus tartarica.
Corylus purpurea.
Hibiscus syriacus.
Rhamnus Billardii.
Spirea lanceolata.
Symphoricarpus vulgaris.

69. Massif

A. Æsculus hippocastanum.

Ar. { Berberis dulcis.
Mahonia aquifolium.

70. Massif

A. { Acer colchicum.
— rubrum.
Æsculus rubicunda.
Cratægus oxiacantha flore punicea.
Fraxinus excelsior.
Hippophae rhamnoides.
Populus alba.
Tilia europea platiphylla.

Ar. { Buxus arborescens.
Chamæcerasus Ledebourii.
Cerasus lauro-Cerasus.
Corylus purpurea.
Colutea arborescens.
Deutzia gracilis.
— scabra.
Indigofera dosua.
Ribes alpinum.
Spirea Lindleyana.

71. Massif

A. { Acer pseudo-Platanus.
Æsculus hippocastanum.
Broussonetia papyrifera.
Kœlreuteria paniculata.
Malus baccata fructu striato.
Robinia inermis.

Ar. { Berberis dulcis.
Caragana altagana.
Chamæcerasus tartarica.
Cornus sanguinea.
Colutea arborescens.
Ligustrum ovalifolium.
Phillyrea oleifolia.
Rhamnus frangula.
Syringa vulgaris alba.
Spirea callosa.
— sorbifolia.
Weigelia amabilis.
— rosea.

72. Massif

A. { Acer Negundo.
— pseudo-Platanus.
Ailantus glandulosus.
Broussonetia papyrifera.
Cratægus oxiacantha flore albo pleno.
Hippophae rhamnoides.
Malus baccata fructu rubro.
Populus alba.
Robinia inermis.

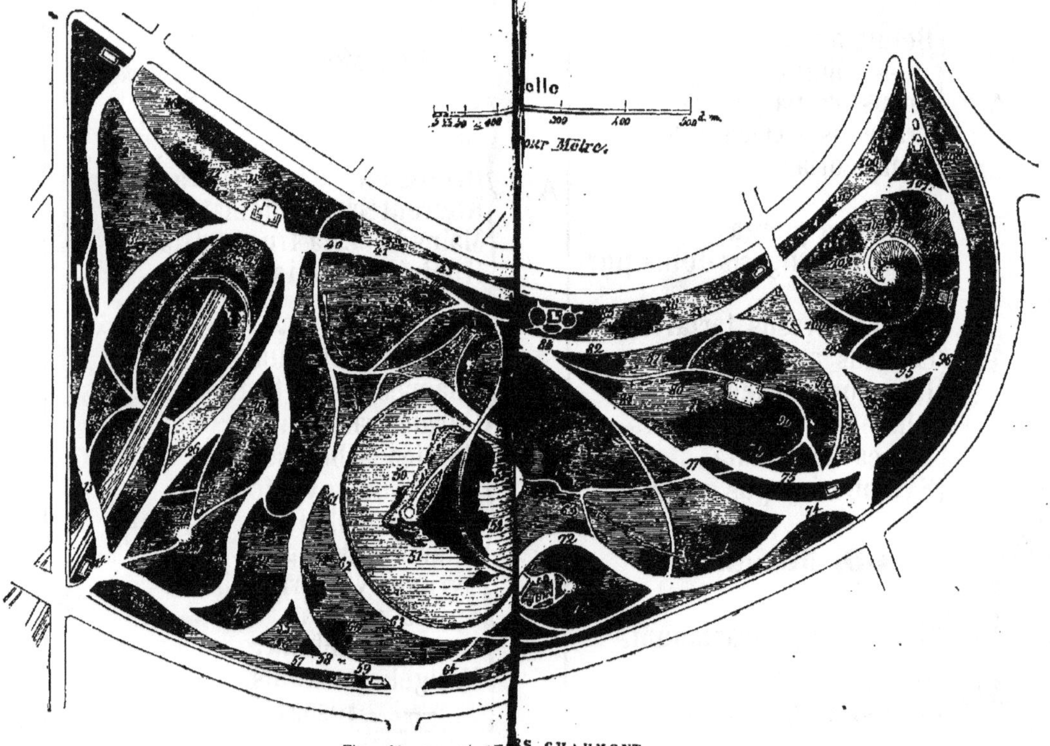

Fig. 41. PLAN DE[...]S CHAUMONT.

Ar.
- Buxus arborescens.
- Berberis vulgaris.
- Cerasus lauro-Cerasus.
- Cytisus trifolium.
- Evonymus japonicus.
- Jasminum frutescens.
- Mahonia aquifolium.
- Ribes alpinum.
- Spirea lanceolata.
- — thalictroides.

73. Massif

A?
- Acer colchicum.
- — rubrum.
- Æsculus hippocastanum.
- — rubicunda.
- Cratægus oxiacantha flore roseo pleno.
- Fraxinus excelsior.
- Koelreuteria paniculata.
- Malus baccata fructu oblongo
- Populus alba.
- Tilia europea platiphylla.

Ar.
- Buxus arborescens.
- Caragana frutescens.
- Cerasus lauro-Cerasus.
- Cornus sanguinea.
- Corylus macrocarpa.
- Cytisus trifolium.
- Deutzia scabra.
- Evonimus japonicus.
- Indigofera dosua.
- Ligustrum ovalifolium.
- Mahonia aquifolium.
- Phillyrea angustifolia.
- Rhamnus frangula.
- Weigelia amabilis.

74. Massif

Ar.
- Æsculus hippocastanum.
- Acer Negundo.
- — pseudo-Platanus.

A.
- Cercis siliquastrum.
- Cornus mascula.
- Cytisus Laburnum.
- Juglans americana nigra.
- Pinus austriaca.
- Sorbus aucaparia.

Ar.
- Berberis dulcis.
- Cerasus lauro-Cerasus.
- Colutea arborescens.
- Deutzia scabra.
- Eleagnus angustifolius.
- Ribes aureum.
- Spirea rotundifolia.

75. Massif

A.
- Acer pseudo-Platanus.
- Æsculus hippocastanum.
- Ailantus glandulosus.
- Cratægus oxiacantha.
- Cytisus Laburnum.
- Populus alba.
- Sorbus aucuparia.

Ar.
- Berberis erecta.
- Colutea arborescens.
- Hibiscus syriacus.
- Hippophae rhamnoides.
- Ligustrum ovalifolium.
- Rhamnus Billardii.
- Rhus cotinus.
- Ribes aureum.
- Spirea lanceolata.
- Weigelia rosea.

76. Massif

A.
- Acer pseudo-Platanus.
- Æsculus hippocastanum.
- Gleditschia triacanthos.
- Liriodendron tulipifera.
- Robinia pseudo-Acacia.
- Ulmus campestris latifolia.
- — montana superba.

77. Massif

A.
- Acer pseudo-Platanus.
- Ailantus glandulosus.
- Cercis siliquastrum.
- Cornus mascula.
- Cytisus Laburnum.
- Juglans americana nigra.
- Pinus austriaca.
- Sorbus aucaparia.

Ar.
- Berberis dulcis.
- Cerasus lauro-Cerasus.
- Deutzia scabra.
- Eleagnus angustifolius.
- Rhus cotinus.
- Ribes aureum.
- Weigelia rosea.

78. Massif

Æsculus hippocastanum.
Abies excelsa.
Mahonia aquifolium.
Taxus baccata.

79. Massif

Æsculus hippocastanum.
Abies excelsa.
Mahonia aquifolium.
Taxus baccata.

80. Massif

A.
- Acer platanoides dissectum rubrum.
- Æsculus hippocastanum.
- Broussonetia papyrifera.
- Caragana altagana.
- Cerasus Padus communis.
- Cercis siliquastrum.
- Kœlreuteria paniculata.
- Tilia europea platiphylla.
- Ulmus campestris.

Ar.
- Berberis vulgaris.
- Buddleia Lindleyana.
- Cornus sanguinea.
- Eleagnus angustifolius.
- Ribes alpinum.
- Spirea lanceolata.
- Weigelia amabilis.

81. Massif

A.
- Betula alba.
- Broussonetia papyrifera.
- Cratægus oxiacantha.
- Populus alba.
- Rhus coriaria.
- Tilia europea platiphylla.

Ar.
- Amorpha glabra.
- Berberis vulgaris.
- Buxus arborescens.
- Buplevrum fruticosum.
- Corylus macrocarpa.
- Hibiscus syriacus.
- Spirea lanceolata.
- Symphoricarpus vulgaris.

82. Massif

A.
- Æsculus rubicunda.
- Ailantus glandulosus.
- Betula alba.
- Cratægus oxiacantha flore albo.
- Rhus coriaria.
- Tilia europea platiphylla.
- Sorbus aucuparia.

Ar.
- Berberis vulgaris foliis purpureis.
- Buplevrum fruticosum.
- Chamæcerasus tartarica.
- Cerasus lauro-Cerasus.
- Corylus purpurea.
- Rhamnus Billardii.
- Spirea lanceolata.
- Weigelia amabilis.

83. Massif

A. Abies excelsa.
Pinus austriaca.
Tilia europea platiphylla

Ar. Cerasus lauro-Cerasus.
Ligustrum ovalifolium.
Rhamnus Alaternus
Taxus baccata.

84. Massif

A. Æsculus hippocastanum.
Cercis siliquastrum.
Cytisus Laburnum.
Robinia pseudo-Acacia.
Sorbus aucuparia.
Tilia europea platiphylla.

Ar. Aucuba japonica.
Ceracus lauro-Cerasus.
Evonymus japonica.
Hibiscus syriacus.
Ligustrum ovalifolium
— lucidum.
Mahonia aquifolium.
Syringa vulgaris alba.

85. Massif

A. Æsculus hippocastanum.
Cercis siliquastrum.
Robinia pseudo-Acacia.
Sorbus aucuparia.
Tilia europea platiphylla.

Ar. Aucuba japonica.
Cydonia japonica.
Evonymus japonic.
Hibiscus syriacus.
Mahonia aquifolium.
Phillyrea augustifolia.
Spirea Lindleyana.
Syringa vulgaris alba.

86. Massif

A. Betula alba.
Broussonetia papyrifera.
Populus alba.
Rhus coriaria.
Tilia europea platiphylla.

Ar. Amorpha glabra.
Berberis vulgaris.
Buxus arborescens.
Buplevrum fruticosum.
Corylus purpurea.
Hibiscus syriacus.
Rhamnus Billardii.
Spirea bella.
— callosa.
— lanceolata.
Symphoricarpus tartarica.

87. Massif

A. Acer rubrum.
Æsculus hippocastanum.
Broussonetia papyrifera.
Caragana altagana.
— frutescens.
Cerasus Padus flore pleno.
Kœlreuteria paniculata.
Ulmus campestris.

Ar. Buddleia Lindleyana.
Cornus sanguinea.
Eleagnus angustifolius.
— reflexa.
Ribes alpinum.
— aureum.
Spirea callosa alba.
— lanceolata.
Weigelia rosea.

88. Isolé

Tilia argentea.

89. Massif

A. Acer platanoides dissectum.
— pseudo-Platanus.
— rubrum.
Cerasus Padus communis.
Cercis siliquastrum.
Tilia europea platiphylla.
Ulmus campestris.

Ar. Berberis dulcis.
— vulgaris foliis purpureis.
Cornus sanguinea.
Spirea lanceolata.
Weigelia amabilis.

90. Massif

A. Acer Negundo.
Rhus coriaria.
Tilia europea platiphylla.

Ar. Berberis dulcis.
— nepalensis.
Cerasus Padus flore pleno.
Corylus purpurea.
Deutzia gracilis.
Hibiscus syriacus.
Hippophae rhamnoides.
Ptelea trifolia.
Ribes alpinum.
Spirea Lindleyana.
Syringa vulgaris.
Viburnum opulus sterilis.

91. Isolé

Biota oriental variegata.

92. Massif, Rocailles

Arbutus unedo.
Buxus balcarica.
Juniperus communis oblonga
— japonicus.
Jasminum nudiflorum.
Ilex aquifolium pendula.
Ligustrum lucidum.
Rosa sempervirens.
Rhododendron ponticum.
Viburnum Tinus.
Yucca gloriosa.
— pendula.

93. Massif

A. Acer pseudo-Platanus.
Æsculus hippocastanum.
Catalpa syringæfolia.
Cerasus Padus flore pleno.
Cratægus oxiacantha punicea.
Cornus alba.
Malus spectabilis.
Maclura aurantiaca.
Populus alba.
Robinia pseudo-Acacia.

Ar. Mahonia aquifolium.

94. Massif

A. Acer Negundo.
— pseudo-Platanus.
Æsculus hippocastanum.
Catalpa syringæfolia.
Cerasus Padus communis.
Cercis siliquastrum.
Juglans americana nigra.

Ar. Berberis vulgaris foliis purpureis.
Ribes aureum.
Spirea bella.
— callosa.
— Lindleyana.
— thalictroides.
Syringa vulgaris.

05. Massif

A. Æsculus hippocastanum
Cerasus Padus flore pleno.
Cratægus oxiacantha.
Cornus alba.
Maclura aurantiaca.
Robinia pseudo-Acacia.

Ar. Mahonia aquifolium.

96. Massif.

A. Broussonetia papyrifera.
Cercis siliquastrum.
Cornus alba.
— mascula.
Cytisus Laburnum.
Fraxinus excelsior.
Populus alba.
Tilia europea platiphylla.
Ulmus campestris.

Ar. Mahonia aquifolium.

97. Massif

A. Acer pseudo-Platanus.
— rubrum.
Ailantus glandulosus.
Cytisus Laburnum.
— trifolius.
Ulmus campestris.
— macrophylla.

Ar. Ampelopsis hederacea.
Aucuba japonica.
Buxus arborescens.
Cerasus Padus flore pleno.
Eleagnus reflexa
Evonymus japonicus.
Glycine frutescens.
— sinensis.
Hedera arborescens.
Hibiscus syriacus.
Ilex aquifolium.
Indigofera dosua.
Juniperus communis oblonga
— californica.
Ligustrum lucidum.
— ovalifolium.
Lonicera brachipoda.
Mahonia aquifolium.
Pinus laricio.
— mugho.
Periploca græca.
Philadelphus inodorum.
Rosa Banksiana.
— multiflora.
— sempervirens.
Rubus odoratus.
Yucca filamentosa.

98. Massif

A. Ailantus glandulosus.
Cytisus Laburnum.
Ulmus campestris.

Ar. Ampelopsis hederacea.
Buxus arborescens.
Eleagnus angustifolius.
Hibiscus syriacus.
Juniperus communis.
Ligustrum japonium.
— lucidum.
Periploca græca.
Rosa multiflora.
— sempervirens.
Ribes sanguineum.
Similax mauritanica.
Spirea callosa alba.
— lanceolata.
— Lindleyana.
— ulmifolia.
Taxus baccata.
Viburnum opulus sterilis.
— Tinus.
Weigelia amabilis.
— rosea.
Yucca filamentosa.
— gloriosa.

99. Massif

A. Acer Negundo.
— pseudo-Platanus.
Æsculus hippocastanum.
Catalpa syringæfolia.
Cercis siliquastrum.
Juglans americana nigra.

Ar. Berberis vulgaris.
Ribes aureum.
— sanguineum.
Spirea bella.
— Lindleyana.
— thalictroides.
Syringa vulgaris alba.

100. Massif

Ar. Berberis vulgaris foliis purpureis.
Cratægus oxiacantha flore albo.
— — flore roseo
— — flore rubro
— — flore pleno
— — punicea.
Ligustrum ovalifolium.
Spirea bella.
— callosa.
— lanceolata.
— Revesii.
— thalictroides.
Weigelia rosea.

101. Massif

Ar. Berberis dulcis.
— vulgaris foliis purpureis.
Cratægus oxiacantha flore roseo.
— — flore rubro
— — punicea.
Ligustrum ovalifolium.
Spirea bella.
— lanceolata.
— Lindleyana.
Weigelia rosea.

102. Massif

A. Fraxinus excelsior.
Sophora japonica.
Ulmus campestris.

Ar. Amorpha glabra.
Philadelphus inodorum.
Ribes aureum.
— sanguineum.
Spirea bella.
— callosa.
— lanceolata.
— thalictroides.
Weigelia amabilis.
— rosea.
Yucca gloriosa.

103. Massif

A. Fraxinus excelsior.
Sophora japonica.
Ulmus campestris.

Ar. Amorpha glabra.
Philadelphus coronarius.
Ribes alpinum.
— aureum.
Spirea callosa alba.

104. Massif

A. Acer Negundo.
— pseudo-Platanus.
— rubrum.
Æsculus hippocastanum.
Cerasus Padus flore pleno.
Cercis siliquastrum.
Cornus alba.
Cytisus Laburnum.
Maclura aurantiaca.

A.
- Populus tremula.
- Robinia pseudo-Acacia.
- — viscosa.
- Sorbus aucuparia.
- Sophora japonica.
- Tilia argentea.
- Ulmus campestris.
- Virgilia lutea.

Ar.
- Berberis vulgaris foliis purpureis.
- Indigofera dosua.
- Cornus sanguinea.
- Ligustrum lucidum.
- — ovalifolium.
- Mahonia aquifolium.
- Ribes alpinum.
- — aureum.
- Rubus odoratus.
- Spirea callosa alba.

105. Massif

A.
- Fraxinus excelsior.
- Sophora japonica.
- Ulmus campestris latifolia

Ar.
- Amorpha glabra.
- Berberis dulcis.
- Colutea arborescens.
- Philadelphus inodorum.
- Ribes sanguineum.
- Spirea bella.

106. Massif

A.
- Ailantus glandulosus.
- Betula alba.
- Cerasus Padus flore pleno.
- Cytisus Laurnum.
- Fraxinus excelsior.
- Sorbus aucuparia.
- Platanus orientalis.
- Sophora japonica.

Ar.
- Indigofera dosua.
- Ligustrum ovalifolium.
- Mahonia aquifolium.
- Spirea callosa alba.

107. Massif

A.
- Acer Negundo.
- — rubrum.
- Æsculus hippocastanum.
- Cerasus Padus communis.

Ar.
- Colutea arborescens.
- Cotoneaster buxifolia.
- Evonynus japonicus.
- Forsythia viridissima.
- Hibiscus syriacus.
- Hippophae rhamnoides.
- Ligustrum ovalifolium.
- Mahonia aquifolium.
- Malus spectabilis.
- Spirea Lindleyana.
- Viburnum Tinus.

108 Massif.

A.
- Acer Negundo foliis variegatis
- — pseudo-Platanus.
- Æsculus hippocastanum.
- — rubicunda.
- Cercis siliquastrum.
- Robinia pseudo-Acacia.
- Sorbus aucuparia.

Ar.
- Berberis vulgaris foliis purpureis.
- Cornus alba.
- — sanguinea.
- Ligustrum ovalifolium.
- Mahonia aquifolium.
- Ribes aureum.
- Robinia pseudo-Acacia hispida.
- Weigelia rosea.

PLACES PUBLIQUES, SQUARES.

L'importance hygiénique des plantations sur les places situées dans l'intérieur des grandes villes, est aussi considérable, aussi évidente que celle des grandes promenades. « Tout espace qui peut être employé ainsi sur des quais, dans des carrefours et de larges rues, sans nuire à la circulation, est un véritable bienfait pour le peuple. » (Mayer.)

Suivant l'opinion de cet habile horticulteur, conforme à celle professée dans le siècle dernier par Morel, le style régulier serait généralement le plus convenable pour la décoration végétale des places publiques. La forme, le caractère, l'importance des plantations doivent se régler d'après l'importance des édifices dans lesquels elles sont enclavées, d'après la configuration de l'emplacement à décorer, les directions des rues qui viennent y aboutir. « Il faut, autant que possible, dit encore Mayer, réserver quelques endroits ombragés, avec des bancs d'où le regard puisse se porter librement, soit sur la statue ou la fontaine placée au centre de la place, soit sur quelque construction d'aspect monumental. Si la place est petite, il faut se contenter d'une allée unique, et ne planter que des arbres de hauteur médiocre. Si la place est grande, on emploiera des arbres plus hauts. » Mayer conseille, dans ce cas, d'entourer la place entière d'un cordon de grands arbres, en réservant toutefois un espace suffisant au-devant des constructions. Cette règle n'est évidemment applicable, que quand la place elle-même affecte une forme régulière. On cite généralement, et avec raison, la Place Royale (Paris) comme un modèle heureux de l'application du style régulier aux places publiques. On peut y ajouter, parmi les créations du Paris moderne, la nouvelle place ou square, qui sépare le boulevard de Sébastopol du Conservatoire des Arts-et-Métiers. Nous regrettons que ce même style régulier n'ait pas été appliqué dans quelques endroits où les convenances architecturales et historiques semblaient l'imposer; comme sur la place du Carrousel, autour du palais des Thermes et de la tour Saint-Jacques.

Nous reproduisons deux plans de places régulièrement décorées, qui font partie du grand ouvrage de Mayer.

Le premier, avec son agencement d'allées obliques, est dans l'ancien goût hollandais et anglais. Cette disposition se retrouve fréquemment dans les parcs du temps de la reine Anne.

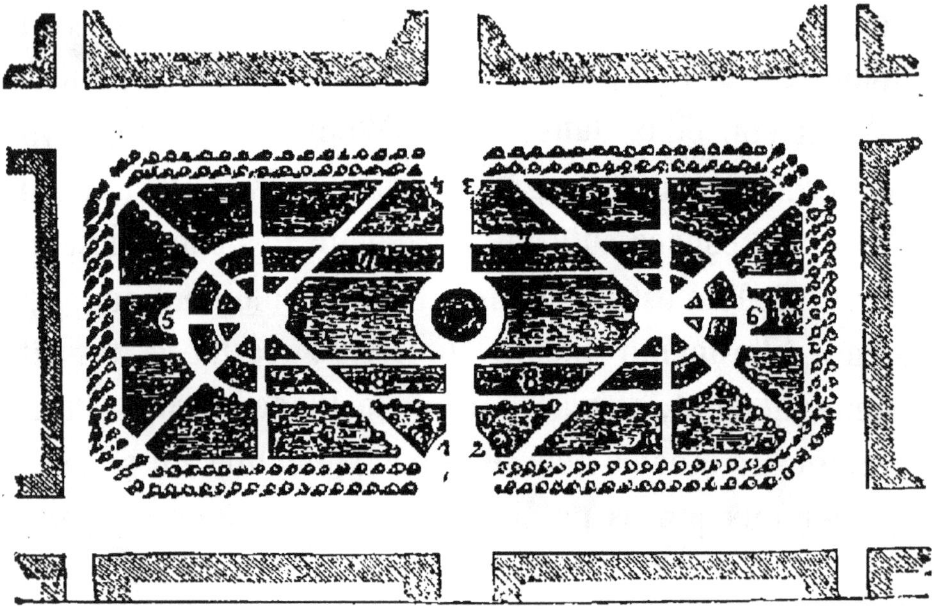

Fig. 42.

Les nos 1 à 6 désignent des bancs; le n° 7 une rangée de plantes à grand feuillage alternant avec des arbustes à feuilles persistantes; le n° 8, un cordon d'arbustes à fleurs, composé principalement de sureaux. Les plates-bandes sont garnies de lierre et de pervenches.

Le second, remarquable par l'élégance majestueuse du décor, se rapproche beaucoup du style de Le Nôtre. (Voir page 228.)

Mayer recommande encore avec raison d'employer de préférence, dans les plantations de ce genre, les arbres et arbustes qui développent de bonne heure leurs bourgeons, qui portent des fleurs voyantes et d'un bel effet, qui perdent leurs feuilles tard, dont les graines ou les fruits ne sont pas de nature à obstruer ou salir la voie publique. Nous ne savons pourquoi il ne mentionne pas les verdures persistantes. C'est peut-être à cause de l'ancien préjugé populaire, qui attachait à ces arbres une idée funèbre, préjugé qui n'a plus aujourd'hui de raison d'être, et dont on s'est heureusement affranchi dans les modernes squares parisiens.

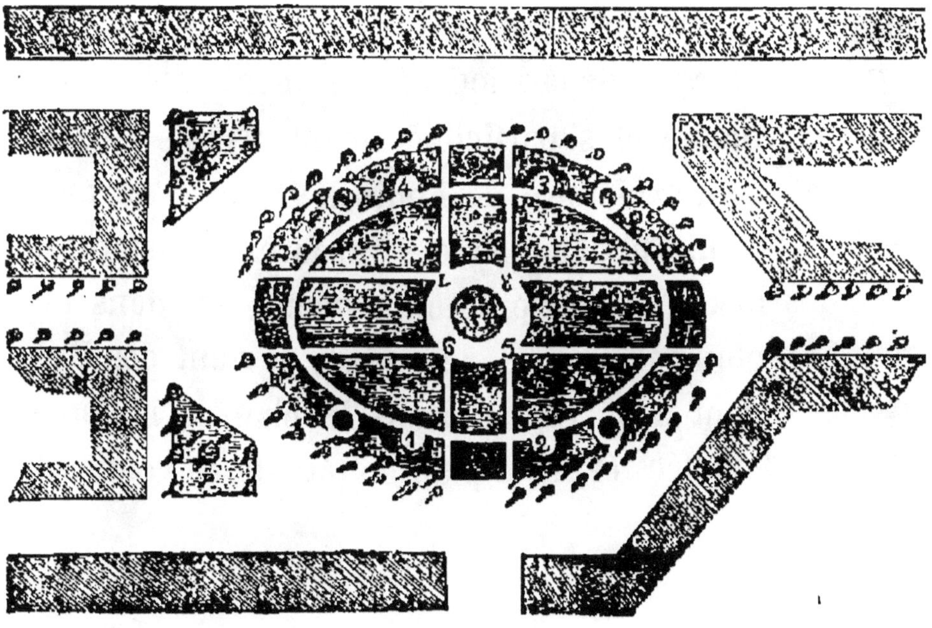

Fig. 43.

F est une fontaine monumentale, placée au centre. Les nos 1 à 8 indiquent les endroits convenables pour les bancs. La décoration du pourtour est en arbustes d'ornement à basse tige.

Squares. — En principe, tout espace réservé dans une place publique à des plantations ayant forme de jardin régulier ou non, a droit au titre de *square*. Mais comme c'est en Angleterre, depuis l'avènement du style irrégulier, que l'usage de décorer ainsi les places s'était d'abord établi le plus généralement, le mot square, aujourd'hui naturalisé dans notre langue, éveille plus particulièrement l'idée d'une plantation qui, bien qu'entourée d'édifices, affecte jusqu'à un certain point le style paysager, avec vallonnements, allées sinueuses, corbeilles d'arbustes, de plantes à feuillage et de fleurs disposées capricieusement.

Parmi les *squares* parisiens proprement dits, nous citerons comme plus particulièrement réussis : celui du monument expiatoire de Louis XVI, qui s'harmonis eà merveille, par l'emploi des verdures persistantes, avec les idées qu'éveille ce monument; et, dans un genre absolument opposé, le square si riant des Batignolles, dont nous reproduisons le plan et la composition détaillée. (Voir le plan en tête de ce volume.)

SQUARE DES BATIGNOLLES (1)

1. Massif

A. Æsculus rubicunda.
» hippocastanum.
Tilia europæa.
Padus virginiana.

Ar. Ligustrum ovalifolium.
Berberis vulgaris.
Ribes sangnineum.
Virgilia rosea.
Lonicera tartarica.

B. Phlox decussata.
Coleus Verschaffeltii.

2. Massif

A. Paulownia imperialis.
Catalpa syringæfolia.
Platanus occidentalis.
Negundo fraxinifolium.

Ar. Forsythia viridissima.
Ribes (*variés*).
Spirea (*variés*).
Sambucus nigra.
Symphoricarpus (*variés*).

B. Pelargonium zonale inquinans.
var. *Prince impérial.*

3. Massif

A. Æsculus hippocastanum.
Sorbus aucuparia.
Cytisus Laburnum.
Acer platanoides.
Alnus communis.

Ar. Ligustrum ovalifolium.
» spicatum.
Cydonia japonica.
Buxus empervirens angustifolius.
Prunus lauro-Cerasus.

B. Chrysanthemum pinnatifidum

4. Massif

A. Alnus communis.
Kœlreuteria paniculata.
Padus virginiana.
Paulownia imperialis.

Ar. Ligustrum spicatum.
» ovalifolium.
Cytisus sessilifolium.
Mahonia aquifolium.
Berberis vulgaris.

B. Pelargonium zonale inquinans.
var. *Christinus.*

(1) A. veut dire *Arbres*. Ar. veut dire *Arbustes* et B. *Bordures.*

5. Massif

A. Juglans nigra.
Sorbus aucuparia.
Tilia europæa.
Acer platanoides.
Platanus orientalis.
Robinia viscosa.

Ar. Lonicera tartarica.
Sambucus racemosa.
Mahonia aquifolium.
Evonymus japonicus.
Deutzia scabra.
Kerria japonica.
Weigelia rosea.

B. Phlox decussata.

---

6. Massif

A. Robinia pseudo-acacia.
Acer striatum.
Cytisus Laburnum.
Catalpa syringæfolia.
Eleagnus angustifolius.

Ar. Hibiscus syriacus.
Philadelphus coronarius.
Ligustrum ovalifolium.
» spicatum.
Viburnum Lantana.
Tamarix indica.
Chionanthus virginiana.

B. Ageratum cælestinum.

---

7. Massif

A. Catalpa syringæfolia.
Alnus glandulosus.
Cytisus Laburnum.
Sophora japonica.
Juglans nigra.
Robinia pseudo-Acacia.

Ar. Berberis vulgaris.
Viburnum opulus.
Ribes sanguineum.
Evonymus japonicus.
Philadelphus inodorum.
Deutzia scabra.

B. Veronica var. *Gloire de Lyon*.

---

8. Massif

A. Tilia argentea.
Acer striatum.
Æsculus hippocastanum.
Sophora japonica.
Robinia pseudo-Acacia.
Fraxinus excelsior var. aurea.

Ar. Ribes sanguineum.
Forsythia viridissima.
Malus spectabilis.
Prunus japonica.
Cytisus sessifolius.
Kerria japonica.
Deutzia scabra.

B. Achyranthes Verschaffeltii.

---

9. Massif

A. Alnus fulva.
Æsculus hippocastanum.
Sophora japonica.
Tilia europæa.
Cytisus Laburnum.
Sorbus aucuparia.
Acer platanoides.

Ar. Mahonia aquifolium.
Deutzia scabra.
Forsythia viridissima.
Philadelphus grandiflora.
Kerria japonica.
Sambucus laciniata.
Chionanthus virginiana.

B. Pelargonium zonale inquinans.
var. *Eugénie Mézard.*

10. Massif

A. Sorbus aucuparia.
Acer platanoides.
Juglans nigra.
Paulownia imperialis.
Alnus glandulosus.
Catalpa syringæfolia.

Ar. Evonymus japonicus.
Forsythia viridissima.
Philadelphus coronaria.
Mahonia aquifolium.
Cornus alba.
Robinia hispida.

B. Gaziana splendens.
Phlox decussata.

11. Massif

A. Negundo fraxinifolium.
Populus fastigiata.
Juglans nigra.
Catalpa syringæfolia.
Cytisus Laburnum.
Sorbus aucuparia.

Ar. Symphoricarpus alba.
Forsythia viridissima.
Ribes sanguineum.
Evonymus japonicus.
Deutzia scabra.
Syringa (*variés*).

B. Chrysanthenum frutescens.

12. Massif

A. Paulownia imperialis.
Negundo fraxinifolium.
Tilia europæa.
Æsculus hippocastanum.
» rubicunda.
Catalpa syringæfolia.
Acer striatum.

Ar. Ribes Gordonii.
Weigelia rosea.
Mahonia aquifolium
Syringa inodorum.
Kerria japonica.
Hibiscus syriacus.

B. Phlox (*variés*).
Ptarmica flore pleno.
Calceolaria rugosa.

13. Massif

A. Æsculus hippocastanum.
» rubicunda.
Robinia viscosa.
Paulownia imperialis.
Acer platanoides.

Ar. Berberis foliis purpureis.
Deutzia scabra.
Forsythia viridissima.
Rhus cotinus.
Prunus lauro Cerasus.
Evonymus japonicus.

B. Phlox decussata.
Lantana var. *Queen Victoria.*

14. Massif

A. Sophora japonica.
Juglans regia.
Acer rubrum.
Ailanthus glandulosus.
Cytisus Laburnum.
Robinia viscosa.

Ar. Buplevrum fruticosum.
Prunus lauro Cerasus.
Evonymus japonicus.
Spirea (*variés*).
Hibiscus syriacus.
Tamarix indica.
Rhus cotinus.
Viburnum opulus.

B. Phlox decussata.
Coleus Verschaffeltii.

15. Massif

A. Acer platanoides.
Paulownia imperialis.
Cytisus Laburnum.
Sorbus aucuparia.
Robinia pseudo-Acacia.
Acer pseudo Platanus.

Ar. Ligustrum ovalifolium.
Prunus colchica.
Sambucus racemosa.
Berberis vulgaris.
Rhus glabra.
Kerria japonica.
Ribes aureum.

B. Chrysanthemum frutescens.

---

16. Massif

A. Paulownia imperialis.
Acer striatum.
Catalpa syringæfolia.
Tilia argentea.
Sophora japonica.
Æsculus hippocastanum.

Ar. Amorpha fruticosa.
Ligustrum spicatum.
Evonymus japonicus.
Sambucus nigra.
Prunus Mahaleb.
Kerria japonica.
Cornus alba.

B. Fuchsia (*variés*).

---

17. Corbeille

Pelargonium zonale inquinans.

---

18. Corbeille

Hibiscus rosa sinensis.

B. Nierembergia frutescens.

---

19. Corbeille

Senecio platanifolia.

B. Centaurea candidissima.

---

20. Corbeille

Heliotropium var. *Anna Thurel.*

B. Kœniga maritima var. foliis variegatis.

---

21. Corbeille

Colocasia bataviense.

B. Calceolaria rugosa.
Gazania splendens.

22. Corbeille

Ficus Cooperii.

B. Cuphea platycentra.

---

23. Corbeille

Colocasia esculenta.
B. Kœniga maritima.

24. Corbeille

Campanula pyramidalis.
Var. cærulea et alba.

25. Corbeille

Musa paradisiaca.
B. Lobelia erinus.

26. Corbeille

Plumbago scandens.
B. Dianthus var. *Seneclauzii*.

27. Isolé

Bambusa aurea.

28. Isolé

Pinus unicata.

29. Isolé

Araucaria imbricata.

30. Isolé

Salisburia adianthifolia.

31. Isolé

Pinus excelsa.

32. Isolé

Thuyopsis borealis.

33. Isolé

Cupressus funebris.

34. Groupe

Cedrus deodora.

35. Isolé

Thuya occidentalis var. Warreana.

36. Isolé

Abies pinsapo.

37. Isolé

Thuyospis borealis.

Il était bien difficile, sinon impossible, de créer dans un espace aussi étroit un site paysager plus agréable. On se croirait plutôt dans le fond de quelque vallée des Vosges ou du Jura, qu'au centre d'un des plus prosaïques faubourgs de Paris. La décoration de la petite pièce d'eau du fond mérite surtout l'attention des horticulteurs.

Avant de quitter cet intéressant sujet des promenades publiques de Paris, nous devons mentionner, au moins pour mémoire, deux établissements considérables, dans lesquels la partie ornementale, bien que secondaire, est encore très-digne d'intérêt. L'un, de création toute récente, est le Jardin d'acclimatation, dont la rivière factice et l'*aquarium* sont surtout remarquables. L'autre est une de nos solides gloires parisiennes, trop négligée peut-être parmi tant de nouvelles splendeurs. Tel qu'il est, malgré l'insuffisance de ses ressources spéciales, malgré l'inexécution regrettable du plan qui devait le compléter par l'annexion des terrains occupés par la Halle aux vins, le Jardin-des-Plantes, doyen de nos établissements horticoles, soutient encore dignement sa vieille renommée.

En fait de promenades publiques, comme en toute chose, Paris a donné une énergique impulsion à la France et à tout le monde civilisé. La seule nomenclature des promenades créées ou considérablement embellies depuis quinze ans aux alentours des principales villes du monde, nous entraînerait beaucoup trop loin. Nous nous bornerons à citer le parc de la Tête-d'Or, à Lyon, ceux en voie d'exécution à Nice, à Bordeaux, le jardin zoologique de Bruxelles, les parcs de Bruxelles, de La Haye, de Harlem, le *Thiergarten* de Berlin, le jardin anglais de Munich, et le *Prater* de Vienne, les

Alamedas espagnoles, les jardins publics de Barrakpoore près Calcutta, de Ceylan, de Sidney (Australie), de Buitenzorg à Java, etc.

Conclusion. — Depuis quelques années, l'horticulture européenne s'enrichit chaque jour. On moissonne pour elle sous toutes les latitudes : d'infatigables savants vont recueillir, tantôt dans les expositions abritées des pays froids, tantôt aux altitudes formidables qui remettent, sous la zone torride, la température en équilibre avec la nôtre, tous les végétaux dont l'acclimatation semble possible et utile. Parmi ces conquérants pacifiques, dignes émules de Humboldt, nous ne citerons que trois des plus récents : Fortune, auquel nous devons de nombreuses et heureuses importations asiatiques et surtout chinoises; Roezl, l'intrépide investigateur des beaux conifères mexicains, et le docteur Kotschy, qui a doté l'Europe de plusieurs espèces magnifiques de chênes, découvertes par lui dans diverses contrées de l'Asie. Des recherches moins lointaines, mais qui ont bien aussi leur valeur, ont eu pour objet la centralisation des végétaux les plus intéressants de l'Europe. Aujourd'hui, les arbres et arbustes empruntés à l'Irlande, à la Suède, à la péninsule ibérique, à l'Italie et aux îles de la Méditerannée, côtoient, dans nos belles pépinières angevines et orléanaises, nos plantes autochthones et celles de la plupart des régions de l'Asie et des deux Amériques. Le Cap y est représenté, et aussi la Patagonie. Le dessinateur paysager a présentement des ressources pour les terrains les plus ingrats; il peut, même dans des emplacements très-limités, assigner à chaque saison sa parure. Il a, pour le printemps, les arbres et arbustes chez lesquels la floraison précède le feuillage ; les buissons de mahonias et de corchoras, l'odoriférante tribu des lilas de toute nuance, depuis le rouge foncé (*rubra insignis*) jusqu'au blanc virginal. A ce luxe éphémère de la jeunesse, dont la nature ne saurait se passer plus que l'homme, succèdent des parfums plus caractérisés, une frondaison plus vigoureuse. Les seringas, les ébéniers, les sureaux, remplacent les lilas ; l'éclatante famille des arbustes de terre de bruyère s'épanouit aux chaleurs de juin et de juillet, tandis que les feuillages harmonieusement combinés des grands arbres se développent et se nuancent, et que les fleurs des *cratægus*, des marronniers, des acacias, ornent d'aigrettes blanches et roses ces dômes imposants de verdure. L'automne est vraiment la saison par excellence du jardin paysager. Un peu éclipsée, du moins pendant l'été, par tant de fleurs d'origine exotique, la rose « remonte » en septembre, et ressaisit son antique et charmante royauté. Le yucca, plante ornementale par excellence, dégage sa longue tige ornée de tulipes blanches retombantes.

Bien d'autres fleurs, depuis les dahlias jusqu'aux chrysanthèmes, concourent à la guirlande des derniers beaux jours, tandis que les *cannas*, les *caladiums* et autres plantes à grands feuillages, d'importation récente, entretiennent, sous notre froide latitude, l'illusion de la végétation tropicale. Mais le charme général de nos jardins paysagers pendant l'automne résulte surtout des colorations que revêtent alors certains feuillages, par l'effet alternatif des froids précoces et des retours de chaleur. Enfin, l'hiver lui même perd, dans nos parcs, son aspect d'autrefois, grâce à l'introduction de ces nombreux conifères de toute taille et de toute nuance, depuis ceux qui forment des buissons nains jusqu'à ces géants de 100 mètres et plus, « gazon des grandes montagnes ; » depuis l'if pyramidal d'Irlande, sombre comme le destin de sa patrie, jusqu'au vert si léger de certains pins exotiques. On peut aujourd'hui diversifier à l'infini des scènes par la plantation combinée de ces essences avec nos conifères indigènes, en y faisant figurer, à différents plans, d'autres feuillages persistants, comme l'aucuba dont l'effet est si agréable et original sous les grands arbres, la tribu nombreuse et variée des lauriers, le houx, ce précieux arbuste, qui réserve pour nos pâles journées d'hiver ses plus riches tons de verdure et sâ parure de corail. La concentralisation des conquêtes de l'horticulture permet ainsi de reproduire en plein air, dans nos froides contrées, la verdure éternelle des régions plus aimées du soleil, et les efforts ingénieux de l'art arrachent un sourire à la nature en deuil. Mais, pour répartir avec l'éclectisme nécessaire tous ces trésors sans lacune ni surcharge, pour employer dignement cette palette végétale devenue si riche, il faut aujourd'hui, plus que jamais, de véritables artistes.

FIN.

TABLE DES MATIÈRES

DU TOME SECOND.

TABLE ALPHABÉTIQUE

DES MATIÈRES ET DES VIGNETTES.

Tome second.

Le chiffre de gauche de cette table indique la figure, celui de droite renvoie au texte.

Sceaux. — Impr. E. Dépée.

PARIS. — J. CLAYE, IMPRIMEUR, 7, RUE SAINT-BENOIT. — [938]

www.ingramcontent.com/pod-product-compliance
Lightning Source LLC
Chambersburg PA
CBHW071635200326
41519CB00012BA/2303